植物战争

25种另类植物的演化奇迹

著　[德]埃瓦尔德·韦伯

绘　[德]丽塔·米尔豪尔

译　谭秋果

中国出版集团　现代出版社

版权登记号：01-2020-2413

图书在版编目（ＣＩＰ）数据

植物战争：25种另类植物的演化奇迹 /（德）埃瓦尔德·韦伯著；（德）丽塔·米尔豪尔绘；谭秋果译. -- 北京：现代出版社，2020.7

ISBN 978-7-5143-8668-4

Ⅰ.①植… Ⅱ.①埃… ②丽… ③谭… Ⅲ.①植物 – 普及读物 Ⅳ.①Q94-49

中国版本图书馆CIP数据核字(2020)第123672号

植物战争：25种另类植物的演化奇迹

著　　绘　　［德］埃瓦尔德·韦伯　　［德］丽塔·米尔豪尔
责任编辑　　田静华
出版发行　　现代出版社
地　　址　　北京市安定门外安华里504号
邮政编码　　100011
电　　话　　(010) 64267325
传　　真　　(010) 64245264
网　　址　　www.1980xd.com
电子邮箱　　xiandai@vip.sina.com
印　　刷　　北京启航东方印刷有限公司
开　　本　　787 mm×1092 mm　1/32
印　　张　　7
字　　数　　133千字
版　　次　　2020年8月第1版　2020年8月第1次印刷
书　　号　　ISBN 978-7-5143-8668-4
定　　价　　49.80元

谨以此书献给　赫尔塔

目 录

在海边

在田野和草地上

在森林中

在水中

在高山上

序言

万迎朗

海南大学热带作物学院教授

德国波恩大学植物分子生物学博士

17年前，当我在德国波恩大学植物研究所刚刚开始专业学习时，我的导师沃克曼教授曾在一次电视采访中说过这样的话："植物确实能看、能听、能感觉世界，也许还有自己的思想。"这样的说法也许和大家平时对植物的观感有所不同：我们都知道植物对地球生命的重要性，但几乎都会认为植物是以一种固定在某处的、默默生长的生命形式存在。《植物战争：25种另类植物的演化奇迹》一书，会颠覆我们的认知。在本书中，作者介绍了形形色色的会飞、会游泳、会奔跑，甚至会翻筋斗的植物。这些植物再也不是呆头呆脑的"植物"，而是能根据自身的生活环境改变生存策略的能手。作者基于25种德国本地植物，描述了这些聪明的生灵在海水和淡水里、在平原与高山上的种种为求生而演化出的精彩绝伦的妙招。它们不仅能适应环境，还能改变环境来让自己生活得更加舒适。为此，它们会与其他植物、动物甚至真菌互利共生，还会进行你死我活的争斗。在与它们互作的动物的名单上，自然也少不了我们人类。有些植物甚至影响到了人类文化的多个方面，它们会出现在民间风俗、传说故事和宗教典籍中。而人类的活动不仅可能给它们带来灭顶之灾，也可能给它们带来重生的希望。

　　本书的故事并不仅局限于提到的25种植物。作者凭借开阔的眼界和渊博的知识，以这些植物为起点，在每个故事中介绍了这些植物的近亲在世界各地的生存情况，也介绍了在漫长的演化史中，这些家族成员的变迁。这也使得本书不仅有阅读的趣味性，同时也有德国学者特有的严谨性和学术性。当简策博文的编辑张伟老师邀请我为本书译文进行科学知识上的审阅时，我很快就爱上了这本书里的美妙故事。从波罗的海中开放的小花的柔美，到阿尔卑斯高山上的壮阔，数千万年演化史呈现在眼前形成了一幅画卷。其中的许多故事，作为植物学者的我也是第一次学习。参与到这样一本好书的出版工作中，是我的荣幸；我也希望将这本书介绍给国内的读者们，只要你爱自然和生命，相信你也会爱这本书。

前言

　　在大学时代，我曾多次深入巴塞尔、阿尔卑斯山脉和地中海等地，近距离地考察当地植物，并乐此不疲。幸有一位充满激情的植物学教授相伴，这些考察活动自始至终都充满着迷人的魅力，也让人备感充实。其实，在考察过程中，我们的大多数工作都是根据当地出现的植物的特征鉴别它们的种类。我们仔细清点发现的植物数量，并把每天发现的成果添加到汇编的物种清单上。但是识别植物名称和种类并不是我们工作的全部，分析个别植物种类的演化史要更加激动人心。为什么这一类植物会生长在这里，而不在其他地方？为什么这些植物有着奇形怪状的花朵？每一种植物，甚至可以说每一种生物，都有着自己独特的演化史。每一种生物的构造和具有的功能其实都是不断地进化以适应特定的生存空间，然后繁衍的结果。叶子或者花的构造会在很大程度上暴露出这种植物的生存方式——比如它们的生长环境和偶然受到的外界影响。

这些植物的演化史与我们自身历史的联结也同样激动人心。某一特定种类的植物对于人类来说具有什么意义？它们和人类之间会产生怎样的相互影响？为了正确地了解一种植物，我们还需要了解科学家们所做的工作。比如，植物学家们在针对某一种植物进行的费时费力的研究中，究竟取得了哪些成果？有时候，扎进专业文献中探秘和在野外考察某一个物种同样具有吸引力。植物学家们在阅读文献的过程中，挖掘出一些在野外考察时很难发现的线索也是时常发生的事。

德国是一个地貌丰富多样的国家，拥有一段海岸和一小段阿尔卑斯山脉，其间分布着云杉林、阔叶林、松林、沼泽、湖泊、干草原、湿草甸和岩石密布的山坡。在每一种自然环境中都生长着特定种类的植物，我们拥有由大约3000种野生植物构成的植物群落。在这本书中，我想向大家介绍一下我们丰富的植物群落中一些独具个性的代表和它们精彩的故事。在此，我想邀请你们加入一场穿越德国之旅，从波罗的海的海底到巴伐利亚阿尔卑斯山脉的峰顶。我们将和25种各具个性的植物亲密接触，其中包括一些人们在平常生活中很少看见的不知名的物种，因为它们比较罕见或者过着与世隔绝的隐居生活。当然，也包括那些我们几乎天天都能看到的再熟悉不过的普通植物，但是它们也隐藏着一些不为人知的秘密。

从3000种物种中仅挑选出25种，这样的范本覆盖太小且显得有些随意。我原本还可以挑选出很多同样优秀的范本。在本书中介绍的许多植物种类具有高度代表性，也能启发人们深入思考，分享见解，尤其能激发人们观察大自然的兴趣。若能在这上面花心思的话，会因收获许多新发现而忘记时间的流逝，所以自然观察对于所有家庭成员来说，都是一个非常好的消遣项目。生态学家洛基·施密特曾经说过："在我们的身边千姿百态的花朵如此之多，以至于人们在每一片草地上都值得花上数小时的时间去发现和比较它们。"在这里，我要感谢一些植物学家和自然保护者，是他们提供了一些植物的重要信息，其中包括格尔德·伯姆、埃哈德·勃兰德、赖纳·博尔歇丁、沃尔夫冈·菲舍尔、蒂洛·海因肯、迈克·伊泽曼、福尔克尔·库默尔、菲利普·舒伯特和马丁·维斯迈尔。

感谢丽塔·米尔豪尔为我精选出来的植物配上了可爱的插图。可以说，她的配图让这些植物变得栩栩如生。同时，我也要感谢负责本项目编辑事务的安妮卡·克里斯托夫女士、OEKOM出版社的发行人雅各布·拉德洛夫先生以及从一开始就对本项目产生了极大兴趣的克莱门斯·赫尔曼先生。最后，我还要感谢所有那些为本项目提供资金支持的朋友。

埃瓦尔德·韦伯

2017年10月于波茨坦

在
海
边

水下的杂草

大叶藻
(Zostera marina)

8月的霍尔尼斯

我们与奇妙植物的相遇始于弗伦斯堡狭长的海湾边上的一次散步。波罗的海在这里非常浅,一片风平浪静,和北海肯定是不能相比的。虽然从霍尔尼斯这弹丸之地北边狭长的陆地尖角可以眺望对岸的丹麦,我们的注意力却被河岸堤坝上那些被河流冲刷的区域吸引。由棕色带子包裹而成的厚厚的软垫在这里"凌乱"地散落着,凑近一瞧却发现它们都是一些狭长的叶片,都长在一根茎秆上。这里也有许多掉落下来的,被冲到岸边的翠绿植物。它们并不像那种随处可见的海藻一样属于藻类,而是一种显花植物。当我们举着它们面对阳光时,发现这些草绿色的叶子是透明的,闪烁着耀眼的光芒,同时质地坚韧。在湖水中,这样的植物数不胜数,让人不禁联想到禾本科杂草一类植物,但实际上和真正的禾本科杂草没有半点关系。植物学家把它们划分为单独的大叶藻科。我们在这里看见的就是分布在德国海岸的两种藻类之一的大叶藻。它的一位小兄弟——矮大叶藻主要分布在北海,体型要小一些。

真正的海洋栖居者

浅浅的海滩让我们可以大胆地蹚水而行,走进海洋,细心地观察四周的环境。在大约1米深的海水中出现了一簇大叶藻。它们完全沉没在水中,整个生命周期都在被海水包围中度过。由此可见,它们是真正的海洋植物,也是显花植物中绝无仅有的特例。在海底生长的显花植物对我们来说是很不寻常的,因为说到海洋生物,人们想到更多的是海鱼、海星、贝壳、海草或其他藻类,而这些"其他藻类"与显花植物没有关联,因为它们代表着一类完全不同的生物。它们如此特殊,以至今天甚至都不再被归入植物行列,而被当作一类独立的生物群体看待。

只有很少几种植物成功地从陆地走入了海洋。海水中含有盐,对植物的生存构成了严重威胁。细胞中过多的盐分会损害机体,因此,植物若想在盐分高的环境中生存,就必须调整自身新陈代谢的方式。

在海底绽放

8月的大叶藻已经开花了。它们在海洋中能开出花朵吗?

请你想象一片开满风铃草、春白菊和野石竹的草坪,再想象一下这片草坪被淹没的情景。水位如此之高,以至所有的花朵都完全沉浸在水中。它们撑不了多久的,等待它们的是逐渐死去和腐烂。最难想象的是,这些花朵还能成功传粉。鱼儿对它们没有兴趣,小虾小蟹也对它们不理不睬,更不用说花蜜会被海水冲散。

人们会认为,显花植物都是陆地生物,是在空气中成长起来的。对大多数的物种来说,的确是这样的情况。在演化过程中,显花植物从陆地上成长起来,并栖居在各种各样的环境里,形成了物种的多样性。尽管它们最遥远的祖先是海洋藻类,但它们仍然是陆地生物。如果做一个小小的梳理的话,显花植物是按照"藻类—蕨类—苏铁类—显花植物"的顺序演化而来的。不过植物也遵循这样的规则:凡规则皆有例外。

一些哺乳动物从陆地进化到海洋并完全适应了海洋环境的生存方式,比如鲸,也有为数不多的植物选择了重新在水中生活。所有在池塘、湖泊和河流中生长的水生植物都源于曾经在陆地诞生的物种。而且大多数水生植物的花朵都生长在水面之上,如同陆地植物一样以昆虫和风作为传粉的媒介。

但让人意想不到的是,有少数从陆地进化到水中的植物的花朵竟然长在了水面之下,并产生了水下传粉的方式。

如何在海水中传粉

我们谈到的这种植物不仅完完全全地在水下生活,还能在水下开花结果。这些花朵长什么样? 它们是怎么完成传粉

大叶藻 *(Zostera marina)*

"当我们举着它们面对阳光时，发现这些草绿色的叶子
是透明的，闪烁着耀眼的光芒，同时质地坚韧。"

的呢?

大叶藻的花朵与真正的禾本科植物有着一些相似之处:体积小,不那么引人注目。很显然,硕大而绚烂的花朵在海洋里是没有意义的。因此它们的花朵很小,并且只包含了功能性器官:要么是释放花粉的雄蕊,要么是含有胚珠的子房。然而在水中产生粉尘状的花粉同样是没有意义的,我们仍然不知道花粉是如何在水中进行传播的。动物没有能力完成水下传粉,因此唯一的传粉媒介就是水,类似于陆生植物风媒传粉的方式,但这也绝非易事。

陆生风媒植物的花粉十分轻盈,甚至可能会随风飘散。比如松树和榛子树,它们的花粉就像一团黄色烟雾随风传播。在水中却有一个根本性的难题:如果花粉粒太重,它会沉入水底;如果花粉粒很轻,就会浮到水面"随波逐流"。无论哪种情况,传粉都不会成功,因为作为接收部分的子房始终都位于水下,无法接触到花粉。

于是大叶藻的花粉就具有了一种不同寻常的形状:像一根小香肠,大约2毫米长,非常细。这种"花粉肠"的密度恰好与水相同,可以在水里漂流。在海流的作用下,这些花粉四处漂游(如果还能把它们称为粉末的话),随后就会踏上通往子房柱头的路途。

植物的种子会沉入海底,因为幼苗必须在基质上生长,不久后就会形成结实的根状茎,蜿蜒前行,爬向地面,不断产生新的叶子。人们能在水下3~10米深的位置发现延展开来的海草床。这些1米多高的海洋植物一根一根地立着,狭长的叶片在波浪中漂荡,像是陆地上的小草在风中摇摆一样。现在人们也能理解这种植物的学名了,因为"Zostera"这个词来源于希腊语中的"Zoster",即古希腊男子用的束带,喻指这带状的叶片。其物种名"marina"则来源于拉丁语的"marinus"或者德语单词"Meer"(海洋)。

一些淡水植物也具有类似的水下传粉机制。其中,将这种机制运用得登峰造极的就是金鱼藻,有时候它会在湖水中大面积地出现。随后我们还会和这种植物再见面的。

海草床

大叶藻生长在地球上的许多沿岸水域中。其实它仅分化出不多的几种,外观都大同小异。在地中海中就生长着一种波西多尼亚海草,大致构成了西班牙马略卡岛海滩延伸出的海草床。

这些海草床对于维系海洋生物的生存具有重要意义。许多幼鱼就藏身在这些茂密的水下草垫之中,寻找着觅食的机会。此外,这些海草床也是海洋鱼类重要的繁殖场所。对于鱼类和鸟类来说,植物本身就是一种重要的食物来源。海草床也为一些稀有生物提供了生存空间,比如海龙和海马。两者都属于硬骨鱼纲,外表包裹着一层由骨环构成的甲胄,因此它们都不善游泳，喜欢栖息在海藻之间或者海草床中。说到海马，我们通常认为它们生活在热带水域，其实它和海龙在欧洲的大西洋海岸也出现过。海龙的外形就大不相同了，它们狭长的身体实际上和海藻的叶片十分相像，而淡褐和淡绿混杂的色彩使这种"伪装"更为逼真。海马大多数情况下直立在水中缓慢游动，嘴巴朝上，躲在茎类水草之间伺机捕食猎物，就像小螃蟹一样。一些宽吻海龙也生活在波罗的海的潮间带之下，身体长达30厘米。

在地球上的其他地方，海草床也常常被海洋动物们啃食，比如海牛，它们现存的4个种类都栖息在热带海水中。这一切，如同我们在陆地上所熟悉的景象在海底的投影一般！

濒危的栖息地

在北海中曾经生长着一片片广阔的海草床，它们对于鲱鱼群来说是有着特殊意义的繁殖场所，但它们却遭到了一种来自北美的真菌的严重破坏。自20世纪30年代以来，波罗的海的海草数量也在急剧减少。在格赖夫斯瓦尔德湾，海草床的覆盖面积在1930年到1988年的58年间减少了大约95%。为什么会出现这种现象呢？德国基尔亥姆霍兹海洋研究中心的海洋生物学家菲利普·舒伯特表示："我认为对海草床造成最大威胁的是水体的富营养化，而这首先是排放的农业废水造成的，与生活和工业废水相比，它的排放量一直没有减少。此外海水温度的上升也是一个不可忽视的因素。我们的研究小组之前发现，水温如果因为夏季的热浪超过了25℃，那么对于一些浅滩的海草可能是致命的。最后，海岸防护工程和泥沙疏浚措施也会对当地的海草数量造成巨大威胁。"

水体富营养化或者过度施肥也是陆地上许多物种减少的原因，但人们对此有理由保持一定程度的乐观。舒伯特表示，"至少在波罗的海德国沿岸区域的海草还保持着良好的生长状态。它们甚至蔓延到了一些从前未生长过的地方"。减少氮素输入的一系列努力也取得了许多成果。

但从全球范围来看，海草床的确是海洋中受到威胁最严重的栖息地之一。拖网、堤坝和混浊的海水给海草带来了很大的危害。船舶航行搅浑了水，继而影响了光线的射入，导致大叶藻无法正常地生长。靠近海岸边富营养化的海水让大叶藻的叶片上附生了许多藻类，这同样阻碍了大叶藻的生长。

由于海草的数量急剧下降，生物学家们也想方设法为它们寻找新的居所。他们帮助大叶藻恢复独立生长的能力，以实现正常的繁殖。2009年的秋天至2010年的春天，在距离中国北方海港城市青岛不远的黄海海岸出现了一幅惊人的景象。中国的科学家和助手们在退潮之后种植了1700平方米的大叶藻。在一排排海草之间的淤泥中，他们插入了拳头大小的石头来固定大叶藻的根茎（此外，这些生物学家还把一些生长状态良好的根茎转移到了海岸的安全位置）。只有这样，他们才能保证这些还未扎根的植物在潮水来临时不会被冲走。人们可以想象，仅间隔25厘米就栽种一棵植物是一件多么费时费力的事情。我想让各位读者亲自来算算，到底需要多少棵植物才能在这么大的面积上完成栽种工作。但是所有的付出都是值得的，因为栽种的大部分大叶藻都生了根，长成了一片新的海草床。

大叶藻和海龟

在北美东海岸也生长着大叶藻，两位动物学家就是在这里获得了惊喜的发现。这里不仅有海水促进海草种子的散播，海龟也发挥了相同的作用。在科学研究中，经常会有一些偶然事件帮大忙。在一次关于钻纹龟食谱的研究考察中，生物学家们在巴尔的摩和诺福克之间的切萨皮克湾抓住了几只海龟，并把它们放在水族箱里几天。在这段时间里，生物学家们并没有给这些钻纹龟喂食，也没有收集它们的排泄物，目的是更加精确地研究它们体内的动植物残留物。

人们随后在对海龟粪便的一系列深入研究中发现，粪便中的确含有很多海草的种子。于是一个疑问就产生了，这是不是和动物传播有关呢？现在人们还必须进一步判断，这些经过海龟肠道的种子是否还具有发芽的能力。这其实很简单，生物学家们只需将这些收集来的种子清洗干净，埋进泥沙，然后用海水浇灌。请睁大你的双眼吧，是的，这些种子发育成了一些新的小植物，海龟们还真是为这些不起眼的海草做出了大贡献。

这是关于这个世界动植物共生现象的绝佳例子。

　　实际上，大叶藻是非同寻常的植物。它们中的大多数之所以很难引起人们的注意力，和它们的栖息地有关。观察海岸边生长的植物就简单得多了，因为它们至少会时不时地暴露在空气中。在北海边，我们就将拜访这样一种植物。

瓦登海边的丰茂

盐角草
(Salicornia europaea)

7月的沙尔赫恩岛

在汉堡瓦登海中央小岛的西南方有一片盐碱滩，几乎延伸到了相邻的尼格赫恩岛上。在面向海洋的最前方，也就是一片稍显低洼的、涨潮时还会被海水淹没的区域，生长着一些不起眼的小植物，但它们茎秆的形状却很引人注目。人们看不见任何的叶子，整株植物都是由一些分叉的茎秆构成，在夏日绿得发亮。仔细观察之后，你会发现，它们完全像是由一个个紧密排列的节段连成的珍珠串。每一节的上端都会膨大形成平板，如同球头关节一样，下一节就连接在上面。

盐角草（俗名"海蓬子"）可不是一种寻常的植物。它们也能够耐海水，但不像大叶藻那样能深入海水。它们就长在瓦登海的沿岸，尤其喜欢平均高潮线稍微靠下一点的狭窄区域。它们并不在乎有时候会被涨潮的海水彻底淹没。

这一类植物的栖息地位于瓦登海的淤积带，潮涨潮落的影响在这里被减弱,沿着高潮线顶端的区域也长有许多茂密的植被。然而,在盐碱滩最前缘却突然有了变化,这里大多数的植被都只有几厘米高。在涨潮时海水会漫出来的地方,没有盐碱滩的典型植被生长,而这里就成了盐角草的天下。它们可是促进海岸带沉积的真正的"先锋"植物。

盐角草和仙人掌有什么联系

让我们再仔细瞧一瞧它们的样子。这些小小的盐角草让人情不自禁地联想到生长在北美沙漠中的树形仙人掌,尽管这样一种比喻可能有些唐突。事实上它们有着类似的外貌:没有叶子的茎秆,枝节繁多,环环串联。只不过盐角草体积很小,树形仙人掌体型更庞大。

两者都是多肉植物,植物学家认为这类植物拥有肥厚的组织,内含丰富的水分,因此它们的根、茎、叶等各种营养器官就能呈现出肥硕丰满的外观。仙人掌身上没有一片叶子,因此是一种典型的茎多肉植物。球形仙人掌的躯干则呈现出圆球状。

生长在新大陆沙漠地区的许多仙人掌虽然说是多肉植物的象征,但绝对不是唯一的代表,还有一些植物科属拥有多肉质的叶片,比如人尽皆知的芦荟和龙舌兰。景天科植物也具有肉质性,正如其名[1],这个大家族的成员有着肥厚多汁的叶子。

1　景天科植物的德语单词为 "Dickblattgewächse",有"厚叶植物"之意。
　——译者注

大家都认识苔景天,它们生长在有阳光直射的干燥区域,因此它们储存水分的小叶片可是相当重要。阿尔卑斯山脉的山顶植被也得益于它们厚厚的叶片才能在干燥的环境中生存。不管是多汁的叶还是茎,没有这些肥厚的、储存水分的器官,这些植物就不能够在降雨稀少的干旱地区生存。

那这些植物和我们在瓦登海边见到的盐角草有什么联系呢?这里并不干燥,因为涨潮时会带来新鲜的水。盐角草是我们在海边发现的植物种群中唯一的茎多肉植物,尽管它的茎秆非常细弱。所以,这种植物还真是与众不同。

盐艺术家

盐角草之所以成为多肉植物,与景天科植物有着完全不一样的原因。这类植物不需要与干旱抗争,它们要面临的挑战是海水中的盐分。它们是地地道道的盐生植物,而能在如此苛刻的环境中生存下来,也让人不得不啧啧称奇。

为什么盐分对于植物来说是一个挑战呢?其实这和人类不能饮用海水基本上是一样的道理。我们会因为我们血液中和饮用水中盐浓度的不平衡而感到口渴。

对于植物来说,土地中的盐分具有两重含义。一是土壤中的盐分会结合水分形成高渗溶液,使植物很难从中吸取水分。溶解的盐粒把水分聚集在一起,植物的根系需要更强大的吸力才能获取水分。二是进入细胞的盐分也非常危险,溶解的盐会损伤细胞中的酶和细胞膜,以此破坏植物的代谢功能和正常生长能力。如果给不适应盐地的植物浇上盐水,它们身上就会出现一些典型性的变化:根系的生长受阻,植物体发育不良,花蕾羸弱不堪,叶片细小无法长大,整株植物出现坏死斑块,这是组织死亡的象征。随后,叶子急速地发黄,各个部分开始枯萎,直到黯然死去。

在全世界大约30万种显花植物中,只有少数种类能够适应盐分含量较高的环境。这类耐受盐分的植物被人们称作"盐生植物"。我们在直接的海岸区域,只发现了很少的盐生植物。令人惊讶的是,显花植物适应了几乎所有的生存环境,从冰雪漫天的北极到干旱贫瘠的沙漠。虽然显花植物作为陆生植物,在种系进化的历史过程中形成了物种多样性,但滨海地区却在很大程度上将它们排除在外。它们在高盐环境中面临的重重困难就是一个例证。

盐生植物进化出了各种各样的生理机制来对抗土地中的盐分。这些植物可以被分为两类:拒盐植物和泌盐植物。属于前者的植物根系首先会阻止溶解的盐粒进入植物内部,它们的内部环境其实和其他普通植物是一样的。而泌盐植物会充分地吸收盐分,但是又会立即排出,防止细胞中的盐浓度过高。有一种尤其擅长排出盐分的植物叫作"补血草",每到8月,它们就会把盐碱地变成一片紫蓝色的花海。它们的叶子上分布有腺点,专门负责把盐分排出体外。这些在显微镜下类似泵一

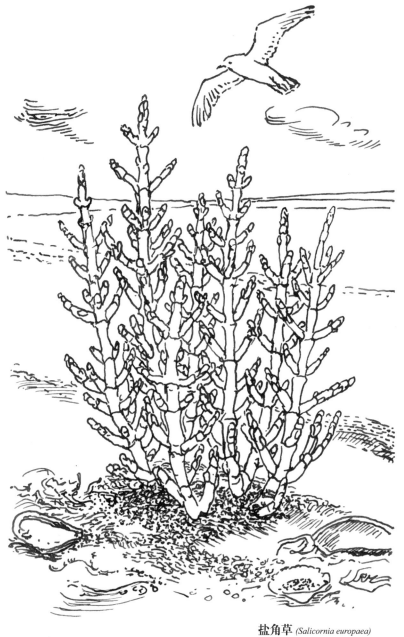

盐角草 *(Salicornia europaea)*

"整株植物都是由一些分叉的茎秆构成,在夏日绿得发亮。"

样的结构，在观察者眼中就是一些白点，补血草上的盐晶看上去就像一层撒上去的面粉。

自杀植物

　　盐角草在满是盐分的环境中奉行了一种特殊的生存战略，有点类似一场预先设计好的自杀行动。这些小小的植物属于一年生草本植物，每年都会有新的种子发芽，孕育出下一代，但是在冬天到来之前又会凋亡。在短暂的生长周期中，盐角草会吸收海水，获取新陈代谢所需的水分，不需要的盐分会储存在细胞中。盐角草为了进一步地吸收水分，必须不断地用海水稀释细胞成分，防止盐的浓度过高。这听起来有一点矛盾，但也是因为盐角草无法获取淡水造成的。它们的根长期被海水浸泡着，并且每天会被涨潮的海水淹没两次。水分被消耗或者蒸发掉之后，细胞中的盐分浓度就会上升，这时新涌入的海水就会起到稀释的作用。盐角草在被海水浸泡之后就会膨胀，从而扩大细胞容积，为新涌入的海水创造更多的容纳空间。然而有时候，盐角草会遭受急性盐中毒并死去。但是这并没有什么大不了的，因为对于一年生植物来说这很正常。所有一年生植物最终都会遭遇相同的命运，如同骄傲的向日葵向我们展示的那样。而细胞的死亡是由干旱还是盐分的堆积阻塞造成的，就显得不是那么重要了。当秋季来临时，盐角草早就过了它的花期，并开始生发新的种子，这些新种子会在来年葳蕤生长。

开拓者

盐角草具有惊人的耐盐性。和一直在水下生长并维持相对稳定的盐浓度的大叶藻不同，盐角草根系之中的盐分含量有时候会蹿升到很高的水平。当它们生长的地方在退潮之后被阳光直射并逐渐干涸之后，就会出现这样一种情况。水分蒸发之后，残留地表水的盐含量会升高到让人难以置信的水平，盐角草却丝毫不受影响，它们的生存甚至离不开盐。人们曾经做过一些培育实验，把盐角草分别栽种在没有盐分输入和时常被海水浸灌的土地上，结果前者的生长情况比后者差很多。盐角草的成功之处在于，从地中海沿岸到北半球高纬度地区的寒冷海岸，都能够看到它们的身影，但是它们的生长区域却局限在潮间带上部的狭窄空间。人们不禁会问，为什么这种植物不进一步向海洋深处延伸，向高潮线以下的深度地带"进军"？也许是其他生物限制了它们的发展。有研究者在英国克劳奇河河口地区发现，在盐角草生长区域的下方栖息着无数的沙蚤，1平方米的空间里就多达14000只。这些微小的甲壳纲动物集中力量啃食盐角草的胚芽，从而把盐角草挡在自己的势力范围之外。沙蚤自身却待在潮间带下部，与盐角草保持着一定的间隔。

盐角草是第一种在滩涂中定居的植物，在淤泥中营造了一片绿色的生机。它们可以被称为"先锋植物"，是因为它们是我们这一带唯一一种附着于地表的能承受潮汐带来的干湿交替影响的显花植物。

盐角草也是一年生植物。一年生的生命周期和茎多肉结构的特征，让盐角草这种植物独一无二。这当然也是仙人掌科植物从未具备的。

用途广泛

这种植物在民间还有很多别名，比如"玻璃熔化草"。这是因为在17世纪和18世纪的时候，人们专门收集盐角草用来制作玻璃，将它们焚烧后的灰烬和制作玻璃的原材料混合在一起。因为矿物盐可以降低玻璃的熔点，而盐角草灰烬中的矿物盐成分含量很高，至少占75%，还有碘和溴。此外，人们常常把盐角草作为一种富碘的珍贵野菜，因此它也叫作"海茴香"或者"海芦笋"。

现在我们将离开潮上带和海岸淤积带，朝着内陆的沙丘地带"进军"。这里有一种特别的植物在"辛勤工作"，当然这是一种生动的说法。

沙丘建筑艺术家

滨草
(Ammophila arenaria)

5月的阿姆鲁姆岛诺德多夫市

这座小岛北边广阔的海滩很适合进行长距离的散步。沙滩中散布着无数被丛丛杂草包围的高地，其中一些距离海洋只有很短的距离。随着我们背离海洋朝着内陆地区逐步深入，这里青草地的面积变得越来越大，青草也越来越高，最终成了在北海和波罗的海非常常见的沙丘。沙丘的脊线上长满了密密麻麻的青草，草茎就像深深地插入了沙壤中一般。它们叫作"滨草"，这里就是它们最喜欢的地方。

现在正是春天，滨草的茎和叶子绿得发亮。这种植物有1米多高，它们坚硬的叶子常常非常显眼地弯卷在一起。这其实是一种防止水分蒸发的自保之道，因为在风吹日晒的时候，光秃秃的沙漠并没有多少水分。

风和草一直处于相互作用、相互影响的过程中。它们让布满沙丘的北海沙滩散发出迷人的魅力，是的，就连沙丘的存在都完全离不开草的功劳。毫无疑问,滨草促进了这里旅游业的兴旺,因为没有沙丘的沙滩显然是索然无味的。这种植物为维持海岸的生机活力发挥了难以估量的重要作用。实际上,正是适应流沙环境的生物习性和能力,使它们获得了这种特殊的地位。

来自沙漠的凤凰

滨草是固沙植物中的佼佼者,也是第一批在松散的沙堆上栖居、繁殖的植物中的一种。这种草长在由风吹形成的最新的沙脊上,它们的"使命"是通过固沙来增加沙丘的高度。没有这种草的助力,沙丘可是"长"不高的。在阿姆鲁姆岛上,最高的沙丘达到了可观的32米。这是怎么做到的?

这都是关于适应性的问题。它们被漫天的黄沙覆盖,又像不倒翁一样重新站了起来。其实滨草根本不需要再站起来,它们顺势直接长进了沙丘里面。当持续不断的风吹扬起细小的沙粒,滨草的下半身渐渐地沉入流沙时,它的草茎仍在奋力向上生长。一半被埋入沙堆的草茎在沙丘上并不罕见。这种草能够借助地下茎独特的生命系统持续不断地向上长出新的草茎,它们将最大最壮的部分隐藏在沙丘之下。这些地下茎在沙丘中纵横交错,长达1米,甚至更长。它们随时能从众多的芽中萌发出新的草茎。

滨草会在沙丘的表层之下生发出一层新根。当旧根逐渐

滨草 *(Ammophila arenaria)*

"沙丘的脊线上长满了密密麻麻的青草,草茎就像深深地插入了沙壤中一般。它们叫作'滨草',这里就是它们最喜欢的地方。"

被沙子掩埋而陷入更深的位置时，它们对植物来说就没有用了，因为纤细的根毛需要在降水之后吸收储存在沙丘上层的水分，于是在根系之上就会不断地搭建新的"楼层"。通过这样的方式，滨草就可以一直待在最上层，不管脚下有多少沙子。在一些季节，滨草会被深埋入沙丘1米以下，但是它们仍可以安然无恙。这是许多其他植物种类无法承受的，所以滨草可以说是海滩上刚刚形成的松散的小沙丘上的"绝对王者"。

此间被风带来的沙粒遭遇到滨草的屏障，便坠落在草茎之间。这些固沙草身上不断地积聚着沙子，不管它们是否愿意，它们的生长必须与之适应。结果，形成了面朝大海的平行的壮丽沙丘。位于前方沙滩上的许多小小的青草地其实都是一些新近形成的沙丘，正是新沙丘景观的萌芽。

一种植物若要具有不断扩张的能力，它还需要一个特殊的前提：必须是多年生的。一年生植物无法在松散不稳定的沙面上站稳脚跟。唯有具有地下茎的、生命力旺盛的植物才能够防风固沙，在这里存活。

由于具有稳固松散沙堆的作用，滨草在全世界被作为固沙植物来栽种。这种草对于维系海滩的自然活力如此之重要，以至获得了一个专门的职业称号。

固沙植物——"生态系统工程师"

在现代生态学中，像滨草这样的物种被称作"生态系统工程师"。这是一个颇具震慑力的称号，听起来它好像既懂技术又会规划。一些科学家在1994年发表的一篇专业论文中首次使用了这个称号，随后它就广泛地流行起来。这些生态学家到底是想表达什么意思呢？

在一个栖息地中有着各种各样的物种。一些植物或动物能够对它们的栖息地产生巨大的影响，并逐渐导致栖息地发生根本性的变化。同时也有一些物种看上去似乎并没有什么影响力，几乎不会改变栖息地的外观。这样看的话，滨草毫无疑问担当起"生态系统工程师"的称号。它们积极地参与沙丘形状的构造过程，并对当地的地形产生直接影响。此外，得益于其固沙能力，它们还成了推动新沙丘形成的"开路"先锋。

这正是"生态系统工程师"的职责所在，也清晰地体现了这一称谓的含义。由此，我联想到了生长在北半球高纬度地区的壮观的云杉林。在那里只生存着一种树，就是云杉。云杉林是那里唯一的森林，那么云杉也是一位"生态系统工程师"吗？还是说，它仅仅是一种占据着霸主地位的植物？这个问题是存在着争议的。但是有一点，专家们可以达成共识，那就是有些特定的物种对于环境的影响力比起它们的同类来说要大得多。

　　还有一些动物也可以承担起"生态系统工程师"的角色。河狸就是一个典型的代表。因为它们能够用各种各样的东西垒成堤坝阻挡河流的去路，直接汇集成湖泊，从而改造自己的栖息环境。另一个代表是蚯蚓，它们对地表的构造产生了很大的影响。为此，达尔文还专门写了一本书来介绍蚯蚓。

　　某一种植物或者动物是否能够改变栖居环境并参与到栖居环境的塑造中，首先取决于它们分布的密度，当然也包括它们的生存方式。显然，非常稀有的物种对于所处环境的影响肯定远小于那些随处可见的物种。有时候，想把一些所谓"平常"的物种排除在"生态系统工程师"行列之外是很困难的。

一只小虫子决定了沙丘的多样性

　　当从海滩走向小岛内陆的时候，我们发现沙丘上的植被也发生了变化。沙丘形成的时间越晚，苔藓、地衣、欧石楠花等植物出现的频率就越高。当滨草完全消失的时候，一种叫作"岩高兰"的灌木植物就开始在这里丛生。沙砾也发生了变化，它们不像在沙丘最前端或者海滩上那么耀眼了。岩高兰褐色的外观证明了沙壤中有机成分含量较高。幸好有这么一种强势生长的植物让沙丘进一步稳定了下来，因为风很难再把沙吹走了。

　　从最前端的沙丘（因为它们耀眼的沙砾，所以也被称作"白沙丘"）发展为内陆地区迅速扩张的沙丘是一个缓慢的过程,生物学家将其称为"群落演替"。植被的成分发生了变化,在不同阶段也有标志性的特征。白沙丘首先会变成灰沙丘,沙子此时会呈现出一种灰褐色。土壤形成的过程则要慢一些:有机物质慢慢积聚,不同的植物种类逐渐出现。在那些已经转化成灰沙丘的地表上,会非常缓慢地形成一个封闭的植被环境,随后在这里也会生长出松木和海岸林。

现在我们应该知道了,大自然所有的一切都比我们第一眼看上去的要复杂得多。有时候,一种不起眼的小动物也在其他植物取代滨草的过程中发挥了作用,它自身则和滨草维系了一种特殊的关系。这种小动物生活在沙土中,看上去就像一种细小的线虫,人们完全可以放心大胆地把它归为害虫一类,因为它们会啃食植物的根尖,它们的破坏力可以直接给滨草带来灭顶之灾。这不仅会发生在白沙丘上,在一些更靠近内陆地区的几乎已经稳定的沙丘上,也会出现这种现象。移动的沙堆可绝不是线虫喜欢的栖居之所。在那些沙堆几乎静止的地方,线虫才开始大量地繁殖。而是否是它们一手造成了滨草在那些形成时间较久的沙丘上数量逐渐减少的现象,人们还不能得出一个准确的结论。当然,滨草和其他植物萌芽的竞争也是一个重要的因素。无论怎样,滨草都可以被称作植物界的"开路先锋",因为它们可以在贫瘠的土地和新形成的沙丘上定居。腐殖质和有机物质只有在稳定的植被上才能生长起来。因此,滨草被栽种在世界上的许多地方,专门用于固定沙丘。

　　滨草的自然生长区域覆盖了包括地中海在内的所有欧洲海岸。因此滨草也成了植物界中一种能够积极改造它们的栖居环境的成功者。在一些地方的草茎之间还生长着一种植物，它们的外表和生长方式形成了强烈的对比。

带刺的美丽

海冬青
(Eryngium maritimum)

8月的叙尔特岛

在一座沙丘上的滨草的茎秆之间，生长着一种叶片坚硬且多刺的植物，看上去微白中带有一点浅蓝色。凭借着革质的叶子和淡白色的外观，海冬青[2]与滨草形成了鲜明的对比。它们分享着共同的栖息环境，却遵循着截然不同的逻辑，以维持各自的生存。海冬青的形态和色彩使之在一片草茎中显得如此超凡脱俗，如同一位坚守个性的另类。这是由它们的基因和家族属性造成的。海冬青属于伞形科植物，和禾本科植物相比有着完全不同的构造，这一特点是值得人们注意的。这种植物其实和飞廉也是没有关联的，因为后者属于菊科植物。

海冬青在笔直的花茎的顶端盛开出壮丽的花冠，甚至连这

---

2 中文正式名为"滨海刺芹"。因叶形与冬青属部分种类相似，英文俗名也叫"sea holly"，由此被称为"海冬青"，然而并非真正的冬青。滨海刺芹属于伞形科植物，冬青属于冬青科，二者并无亲缘关系。

里也是带刺的，因为每一个花序之下都有着如扁平花环般排列着的、尖端旁逸斜出的、顶端尖锐的叶片。它们真正的花朵非常小，呈紫色，紧凑地挨在一起形成花序。从花朵中伸出来的紫色花丝非常显眼。蝴蝶和大黄蜂在一旁翩翩起舞，尤其喜欢停留在海冬青身上。由于沙丘上的植物种类特别少，像海冬青这类植物提供的花朵，自然成了这些小动物不可错过的对象。

防范沙土和动物

海冬青自身面临哪些挑战呢？在它们的栖息环境（多风的沙丘）中，首先面临的是营养的短缺、流沙、不稳定的地表环境、干旱和烈日的灼烧这些难题。此外还包括每一种植物每天都要面临的一些问题：饥饿的昆虫和其他需要赶走的动物。

海冬青叶子上的尖刺肯定是为了抵御动物的啃食而生的。这对植物来说是一个普适性的原理。谁长出了宽大的叶片，谁就面临被吃掉的风险。这就是海冬青与滨草的不同之处。上面提到的飞廉也可以说是带刺植物的一个完美代表。再比如丝路蓟，其所具备的防御能力出类拔萃，它们在草地上毫无限制地疯长，成为让人厌恶的杂草。牲畜都会避开这种带刺的植物花茎，啃食周围的杂草。这就让丝路蓟可以肆无忌惮地扩大自己的势力范围。

现在让我们把目光重新转向海冬青。在沙丘上可没有什么吃草的牛，但是有像兔子这样的食草类动物在这里生活，它

海冬青 *(Eryngium maritimum)*

"真正的花朵非常小，呈紫色，紧凑地挨在一起形成花序。从花朵中伸出来的紫
色花丝非常显眼。"

们可能会对这些幼小的植物带来巨大的破坏。

那这些坚硬的叶子又是怎么回事呢？人们直观地认为这可能也是为了防范动物的嘴靠近。这些粗糙结实的叶子也是为了应对另一个海岸边常发生的挑战：飞沙。当你在一个狂风大作的天气躺在沙丘上的时候，会感到那些沙粒如同一颗颗小子弹在空气中穿梭。对于那些常年扎根在沙地里的植物来说，这样猛烈的飞沙是一个真正的大麻烦。如果植物的表面得不到保护，叶片组织就会被撕裂而受到损害，因此海冬青生长出了极其坚硬的、耐磨损的叶子。这一点非常重要，因为它们的叶子是平面的，又宽又长，和滨草细小的叶片截然不同。风沙确实会对海冬青造成很大破坏。

整株植物坚硬的身躯也会为它们带来一些麻烦。当有一些动物四处走动或者有莽撞的游客闯过来的时候，重重的撞击会导致茎断裂，这株植物就会枯萎，因为不能再长出新的茎。

防晒

在这种植物身上还覆盖着一层厚厚的白色蜡膜，使之看上去如同鬼魅一般苍白，这其实也是为了发挥另外两种完全不同的功能：防止水分蒸发和抵挡过多的阳光照射。海岸边的狂风加上强烈的阳光会给这里的植物带来极度的干旱威胁。沙丘可不是一个水分充裕的地方，这也就意味着，植物必须防止水分流失。每一片叶子都含有无数的气孔，水分正是从这里蒸发掉的。而这一进程正是为驱使水分从根尖流向茎干最尖端提供动力的马达。如果地表缺水和过度蒸发同时发生,就会导致植物枯萎,可没有植物会喜欢这样的结局。海冬青的蜡膜大大减少了水分的流失,同时也反射了太阳光,保护叶片中敏感的叶绿体不被灼伤。过度光照会导致植物温度升高,使植物无法继续利用太阳的辐射。光合作用本身也应该控制在适度的范围之内,光照既不能太多,也不能太少。海滩植物面临与沙漠和高山植物一样的问题(干燥和过多的阳光),因此这三类植物也经常采取类似的适应措施。这是趋同进化的一个经典例子:在严酷气候条件的胁迫下,植物采取了相同的应对策略。这在不同的地区和各种植物类群中都是存在的。

　　只有在电子显微镜下才能观察到海冬青叶片上蜡膜精细的微观组织。它绝不单单是覆盖在叶子表面上的、像用刷子刷上去的涂层,蜡膜的结构相当精细,看上去就像茂密的茸毛。叶片的上表皮和下表皮也由有厚厚的细胞壁的细胞构成。

植物科属

　　人们也许有一个疑惑,为什么海冬青身上偏偏长有一层蜡膜,而不像其他植物一样为自己穿上一层厚厚的毛毡?原因在于植物的类群不同。伞形科植物不具有多毛的特征。菊科植物和紫草科植物则以毛茸茸和须发丛生的花朵闻名。因此滨海蒿周身都是白色的茸毛,这些短短的浓密的茸毛守护着茎和叶的表面。这些多毛的特征所起到的作用当然也是一样的，它们会保护植物不受伤害。不仅每一种植物都具有自身独特的特征，它们所属的科属也是这样，因为属于同一个科的成员，自然也就有诸多相似之处。仙人掌科植物具有多刺的特征，这种特点适用于属于该科的所有植物。

　　海冬青还有另一个不会被人一眼看出的特点，只有把它挖出来才会发现：发达的主根把它牢牢地固定在沙土中。它们的主根大多长1~2米，但是也有一些长度达到5米。正因如此，海冬青才能够从更深和更湿润的土层中吸取水分。其地下茎则确保主干在遭到破坏的时候能够生长出新的茎秆。海冬青就是这样来适应栖息地的环境的。

　　直达地下深处的直根系也是伞形科植物的一个典型特征，比如野生胡萝卜或者欧防风。

让海冬青回归

　　海冬青遍布整个欧洲海岸，既分布在英国海岸，也分布在黑海岸边，在地中海附近同样随处可见，但在德国海岸非常稀少。过去人们经常采摘它来制作干花花束。泛滥的兔子还会啃食这些新生的植物。由于旅游业的发展和新兴基础设施的建设，海冬青的栖息环境遭到了改变和破坏，导致它们在欧洲海岸的数量急剧下降。于是海冬青被列入《世界自然保护联盟红色名录》加以保护，也就不足为奇了。

即使在叙尔特岛的植物群中，海冬青也是一个"稀客"，因此，人们采取了挽救行动。自2013年开始，一个名为"叙尔特岛自然保护"的组织启动了一项再种植计划。这些自然保护者收集了海冬青在天然栖息地的种子，并把它们集中栽种到了一个苗圃里面。他们也把刚刚长出来的植物带到了沙丘上，将其深埋在沙土中。该组织的成员格尔德·伯姆表示："在2013年的行动中，我们栽种了50株，2014年又栽种了250株海冬青。2015年底，海冬青的总数量差不多已经达到了此前栽种的飞廉的一半。叙尔特岛自然保护组织参与执行了这些活动，并制定了一份名册以记录这些植物的相关信息。"

也就是说，人们对这一次种植行动进行了详细的档案记录。对于伯姆来说，这次重新种植这种稀有植物的最大困难之处，在于无数频频出现的兔子，它们把幼苗的根作为破坏的对象。

人们仍然期待这种伟大的植物能够在叙尔特岛重新找回自己的一席之地。它们已经成为坎彭镇美丽的装点，也在叙尔特岛深深地扎下了根。接下来我将介绍的灌木也在这座岛上，并且在海岸的其他地方随处可见，可它们的生物习性和在当地社会的声望就大不一样了。

美丽伪装的玫瑰

土豆玫瑰
(Rosa rugosa)

6月的韦斯特兰

　　当地的居民更喜欢把这种灌木叫作"叙尔特岛玫瑰"。这里的玫瑰树丛在沙滨草和欧石楠之间开拓了自己的一方天地，玫瑰红色的花朵在沙丘前营造了一片绚烂景象，更不用说花朵散发出来的芬芳了。因为那带有褶皱的叶子，它们在德语中更为常用的名字是"土豆玫瑰"[3]。拉丁学名中的拉丁文单词"rugosa"也有"有皱纹的、有折痕的"的含义。玫瑰不仅在叙尔特岛出现，也出现在阿姆鲁姆岛和吕根岛上。这种灌木不仅生长在海岸地区，在内陆的街道边、斜坡上和花园中也可以看到它们的身影。

　　让人印象深刻的玫瑰花花朵给周遭的风景注入了斑斓的色彩，但也让许多人伤透了脑筋。玫瑰其实是一种具有两面性

3　中文正式名为"玫瑰"，即我国自古以来栽用作观赏、制作馅料食用的玫瑰。德语俗名为"Kartoffel-Rose"，直译为"土豆玫瑰"。

的植物:一方面它作为观赏性灌木得到人们的喜爱,另一方面也被当作杂草遭到人们的憎恶。正应了那句俗话:"一个人的幸福是另一个人的不幸。"为什么会这样呢?

不速之客

玫瑰可不是德国的本地植物,是越过千山万水才到达德国的。玫瑰的发源地在亚洲,它是蔷薇属灌木的典型代表。仅在中国就生长有大约100种野玫瑰。即使在玫瑰的家乡,它们也喜欢生长在靠近海岸的地区,并且看上去不像当地其他植物那样高大。它们的主要分布地在东北亚以及更北的堪察加半岛地区。

玫瑰是怎样到达德国的呢?瑞典自然学家卡尔·彼得·通贝里(1743—1828)曾在日本和其他东亚国家生活过一段时间,并于1784年发现了这一物种。这种灌木的首批标本分别于1791年和1808年被带到了英格兰和德国城市魏玛。这种带有硕大花朵的植物在当地受到了热烈的欢迎,迅速地成为各大花园中的宠儿。从1887年起,植物育种家就开始将玫瑰与其他植物杂交来开发新的品种。你家花园里的玫瑰就很有可能含有这些土豆玫瑰的一些基因。

由于这种植物耐盐性强,抗冻,坚韧又生命力旺盛,很快就被用来固定沙地和沙丘,抵御海岸峭壁边上的腐蚀,并作为防风植物派上了用场。当时的人们还沿着高速公路和其间的

土豆玫瑰 *(Rosa rugosa)*

"这里的玫瑰树丛在沙滨草和欧石楠之间开拓了自己的一方天地,玫瑰红色的花朵在沙丘前营造了一片绚烂景象。"

绿化带种植了许多玫瑰。在海滨度假区，玫瑰灌木丛常常被用来划分地皮边界和分散道路上的人流。由于玫瑰的果实可以食用，所以东欧地区大面积地栽种这种灌木。玫瑰还可以用于军事上的战略伪装：二战期间，德国国防军就在东弗里斯兰地区的掩体周围栽种了玫瑰。这种灌木用途广泛且易于种植，但在提供了实用价值和观赏价值的同时，与之对应的代价与争议也随之而来。

放飞自我的玫瑰

在第一批栽种后不久，玫瑰就开始了自己的野化。"野化"这个词听起来像是"驯化"的反义词，用在植物身上实际是指它们自发地繁殖，超出了人工栽种的范围。如果一粒种子从花园被带到了沙丘，能够发芽并成长为新生的植物，那么离开有人类精心呵护的安乐窝的种子已经可以自力更生、独闯天下了。

早在1845年和1875年，植物学家就分别在德国和丹麦发现了玫瑰花的野化。土豆玫瑰比其他的引进品种更容易野化，也更容易自发繁殖。这是由它们的一些生物学特征造成的。这种灌木不仅通过种子来繁衍，还通过许多地下茎进行无性繁殖。

此外，它们的大型果实还能在淡水和海水的表面漂浮至少40周，从而实现远距离的传播。当果实最终腐烂的时候，种子会被释放出来并冲刷到海滩上。种子自身也能够在水面上漂浮几周的时间。它们很可能就是通过这种水传播的方式成功登陆了挪威南部海岸一些无人居住的小岛。

银鸥和一些其他的鸟类也促进了玫瑰的传播。它们会啄开玫瑰的果实，将果肉与种子一同吞下，然后从体内排出。此处，一些啮齿目动物也非常钟爱这种果实。

土豆玫瑰成功的秘诀其实在于不断长出新的匍匐茎并抽发嫩芽的不屈精神。它们的匍匐茎很长且容易断裂，能通过海岸边的强风和流水实现远距离的传播。玫瑰在繁殖上采取了双重策略：一是通过种子，二是通过匍匐茎。已经有实验表明，在仅仅4厘米长的一段匍匐茎上就足以长出新的植株。

自然保护工作面临的难题

土豆玫瑰能够长成茂密的灌木丛，且常常只需单独的一粒种子或者一小段匍匐茎就能够完成。测量数据表明，一丛这样的灌木丛在一年的时间内能够向四面八方延展0.75米。因此它们会覆盖越来越多的土地，侵占其他植物的生存空间，并最终导致那些植物因为缺少足够的光照而死亡。

在盖尔廷比尔克自然保护区，只要沿着海岸边行走，你就可以在草坪中央发现许多玫瑰丛。表面看上去似乎是一片祥和，但实际上剧烈的变化已经发生：灌木丛把物种丰富的草地变成了物种单一的树丛。这样一种生态转变并非天然的变迁。

在靠近海岸的草地里面原本生长着一系列当地稀有的动植物，但不断扩张的玫瑰却挤压了它们的生存空间。其中的受害植物包括蚤缀、岩高兰、密刺蔷薇和海冬青。苔藓和地衣也在土豆玫瑰扩张的地方消失了。这一现象导致的后果就是，一切都变成了物种单一的灌木丛，尽管看上去好看，却是"金玉其外，败絮其中"，毫无生态价值。当地植物种类的减少也导致一些依赖这些植物生存的昆虫遭了殃，比如说蝴蝶，因为它们只会在一些特定的植物上产卵。

怎么办

"基尔：与弗里德里希沃特灯塔周围玫瑰的抗争"——这是2007年州府基尔一则新闻通告的标题。基尔环保局用重型器械来对付这些灌木丛，例如借助挖掘机将这些植物连根拔起。在开始新的工作前，人们还会对那些随之带出的松软泥土进行过滤，以彻底去除残留的根须。然而，它们很有可能会死灰复燃。这是一项繁重的工作，却是持久性地去除不受欢迎的灌木丛的唯一办法。在一些其他自然保护区，山羊和绵羊都被派上了用场，以尽可能地限制灌木的生长。除草也是一种办法，但是不管是让动物来吃草还是人为地除草，都不能够让玫瑰彻底消失，因为它很快就重新生长了起来。看来要想对这种灌木的生长进行彻底遏制，还真需要下一番苦功夫。

为了遏制玫瑰生长所采取的措施是有意义的，因为它们在海岸植被群落中不受限制地生长违背了自然保护的目标。在一个自然保护区中应该尽可能地形成一个自然的物种群落，而玫瑰灌木丛是与之完全相反的不自然的事物。

针对玫瑰疯长采取的种种措施并不总能得到喝彩，也可能导致一些争议。在距离库克斯港不远处的北海滩涂国家公园中的悬崖边，清除玫瑰的实验遭到了当地居民的抗议。自然保护者想清除玫瑰的原因是它们侵占了岩高兰的生存空间，而后者能为动植物提供一个重要的保护性栖息环境。当地居民担心这会导致崖壁的不稳定，因为他们认为这处悬崖是抵挡风暴潮的天然屏障。因此，该地的堤坝防护局禁止在部分地段执行这项清除计划。水疗管理中心的人员也表达了一些疑虑，因为散发着迷人香气的玫瑰丛很受游客们的欢迎，所以他们认为玫瑰是海岸边上一道不可或缺的风景线。

不管是抗争还是顺从，玫瑰在欧洲的扩张之路从未停止。野化的玫瑰已经在16个国家声名远扬，甚至在2004年前后到达了位于北纬70度的挪威特罗姆瑟地区。

土豆玫瑰代表着几十种在我们的自然环境中迅速蔓延的植物，它们给其他物种带来巨大的压迫，其中包括日本虎杖、洋槐及黑樱桃。现在是否要采取措施以及怎样采取措施，需要在当地立刻得出一个结论。卡尔·彼得·通贝里肯定没有想到，他的发现竟然会导致这么多的争端。

在田野和草地上

不喜欢邻居的树

核桃
(Juglans regia)

9月的黑博尔茨海姆

谁不认识这些结着绿油油的硕大果实的树！人们在草地和草场经常会栽种核桃树,比如在莱茵河和黑森林之间这片温度适宜的土地,就特别适合核桃树的生长。核桃树很早就成了人文地理景观中不可或缺的一员,不少树皮上布满结疤的古树矗立在花园或者庭院中,核桃树的寿命可长达150年,但这还远不能和橡树或云杉相比。

核桃树如果孤零零地生长在某个地方,就能不受限制地生长,直至成为一棵20多米的参天大树,其向四周伸展的树枝和厚厚的树叶吸引着人们在树冠下乘凉。作为诗人和作家的尤利乌斯·莫森,曾专门为这种树写了一首名为《胡桃树》的诗,开篇是这样的:屋前胡桃抽绿枝,一树繁荫香扑鼻。

核桃树的主干相对较短,撑起了巨大的树冠,下方的侧枝则以水平方向生长开来。一整片叶子呈现为羽毛状。植物学家们认为,核桃树的一片叶子是由许多更小的叶片构成的复叶,如同野豌豆和蕨类植物一样。不过核桃树的小叶片也相当宽大和坚韧。

核桃,不寻常的树

核桃树具有一些与众不同的特点,比如有着总是保持绿色的大型果实。人们不禁想问,它们的种子是怎么传播的,为何要结出这么大的果实? 在自然条件下,绿色的球状果实会裂开,从而把里面的唯一一个种子释放出去。大多数的果实会像那些常见的扑通一声掉下来的果子一样落下。如果是在河岸边,那么它们可能会被河水冲向远方;如果是在一个斜坡上,那么它们可能滚落到离树几米远的地方。而动物们的活动对于种子传播的影响则更为重要,比如松鼠喜欢收集核桃果并将其储藏在自家仓库里。在这个过程中,或多或少会有些果实被遗忘并开始发芽。这样一种隐蔽的传播方式对于橡树和山毛榉[1]这样的植物来说,也具有重要意义。像睡鼠和乌鸦这样聪明、善于学习的动物,也为种子传播发挥了作用。人们经常可以看到这些鸟类将坚果扔到铺路石或街道上,以使它们裂开。当然,坚硬的外壳肯定是为了防止种子被饥饿的动物吃掉。对于我们人类来说,砸开核桃也挺费劲的。阿尔萨斯地区民间流

---

[1]　中文正式名为"欧洲水青冈"。早期将之翻译为"山毛榉",如今在植物学中一般不采用这一名称。本书后面再次出现"山毛榉"的情况与此相同。

传的一句话不是没有道理的："上帝创造了坚果，但是他却砸不开。"

　　核桃树另外一个特点是叶片中高含量的鞣质可以作为防虫剂。也就是说，几乎没有哪种喜食植物的昆虫或者毛毛虫愿意啃食核桃树的叶子，而橡树叶就没有这么幸运了。一些栖息在木枝上的材小蠹也很嫌弃核桃树，认为那简直难以下咽。此外，核桃树的叶子还能够分泌出精油，同样能够驱赶在其四周飞舞觅食的昆虫，当人们揉搓叶子的时候，就能够感受到那种特殊的气味。

古老的栽培植物

　　核桃树是一种古老的栽培植物，早在9000年前的新石器时代就被人们加以利用。核桃树的家乡从地中海东部地区一直延伸到了喜马拉雅山脉。很久以前，人类就把它们带到了其他地区，比如亚历山大大帝在公元前4世纪就把核桃树带到了希腊。这种树绝不仅仅只是给人们供应核桃，它的木材因为极富装饰感的色泽和纹理得到了木匠和雕刻家的喜爱，常常被用来制作奢华家具和高档的室内装饰品，比如在下拜恩地区罗尔的修道院教堂中的唱诗班席位，就是由核桃木制作而成的。

　　核桃叶在民间医学中具有悠久的历史。在古代，人们将核桃叶捣成汁涂抹在患处治疗皮肤病，也将核桃叶制成草药茶治疗体内疾病。直到今天，人们还在使用有核桃叶作为原料的药方。

所以，用途广泛的核桃树在神话传说中扮演着一个重要角色也就不足为奇了。在希腊神话中，这种树会专门献祭给奥林匹斯十二主神之首宙斯。在古代，核桃还是一种幸运物和丰收的象征。现在它们的叶子又重新吸引了我的注意力，因为它们含有的成分远远不止鞣质和精油。

叶片中的化学武器

核桃树中隐藏着一个被植物生理学家熟知并且在古代就被发现了的秘密。这种树不喜欢身边有邻居，并且想方设法和周围的植物保持距离。古罗马学者和行政官员普利纽斯在他写于公元77年的著作《博物志》中，曾非常详细地描述了核桃对其他植物的影响，在核桃树旁边栽种的橡树和橄榄树最后都枯萎了。普利纽斯在著作中花费了多个章节来讲述这些植物的栽种过程。

其中的奥妙在于他感作用。核桃树的底下几乎寸草不生。这可不是因为茂密的树叶投射在地表上的巨大阴影，而是因为核桃树对脚下的土地施了"毒"。

一个经典的实验完美地展示了这个现象。你可以采摘几片核桃树叶，把它们揉碎成小碎片，然后装在密封的广口瓶里面，将玻璃瓶装满水放置在阴凉处一到两天。之后水就会变得像茶水一般，因为叶片中的一些物质溶解到了溶液里。保存一部分水提物,然后利用剩下的来做稀释液。把一份这样的溶液与四份水混合在一起,就将原来的溶液稀释了五倍。

真正的实验部分到了。先准备一小袋独行菜种子。摆开四个扁平的碗,里面铺上吸水纸,然后在每个碗中放上十几颗种子。现在向其中三个碗里分别注入纯净水、水提物或者稀释液。然后请等待一阵子,独行菜发芽的时间并不会很久,两到三天后,新芽就会从种子中萌生。如果现在仔细观察这些碗,你就会感受到巨大的差别。在纯净水中的幼苗长势最好、体型最大,并且看上去非常健康。而在盛有核桃叶水提物碗中的幼苗就是另外一番景象了。这些幼苗生长得非常糟糕,胚芽蔫蔫的,毫无生气,和那些纯净水碗中的幼苗相比简直是天壤之别。在稀释液中的情况则介于上述两者之间。

他感作用

实验的结论是显而易见的:核桃叶能够分泌出一种阻止其他植物生长的物质。这种物质在液体中的含量越高,对种子和胚芽的影响就越明显。

生物化学家将这种物质称为"胡桃醌",化学名称为5-羟基-1,4-萘醌,它在纯净状态下是一种黄褐色的粉末。胡桃醌是一种所谓的"他感物质",是一种由植物释放的生长抑制剂,目的是排挤竞争者。

核桃树的树皮同样也含有胡桃醌。奥地利植物学家和植物生理学家汉斯·莫利什（1856—1937)首创了这个词。在去世前不久，他发表了一本名为《一种植物对其他植物的影响——他感作用》的著作。人类虽在农业产生之初就发现了这种他感效应，但是还不能解释其运行机制。农民观察到，某些植物及其浸出液能够限制其他植物的生长而使它们无法被栽种。

核桃在美洲的"远亲"——黑胡桃，其所具有的他感作用甚至还强于核桃。20世纪80年代，美国森林学家发现它们甚至能够彻底破坏其他树木生长的土壤。他们当时尝试着将灰桤木和黑胡桃两个树种混合种植在一个苗圃里面。灰桤木能够改良土壤，因为它能够产生更多的氮素，这就能促进具有较高经济价值的黑胡桃的生长。然而在第8到第13年间，所有的灰桤木都渐渐地死亡了。这集中发生在一两年间，那时土壤中积累了太多的胡桃醌，而黑胡桃自己却毫发无损。

他感效应的原理存在于很多植物种类身上，许多物质都参与了这一过程。如果去观察地中海边上栽种的桉树林下的地面，你会发现除了落叶，很少有别的东西，只有一层层落叶地毯，没有任何的植被在上面。此外，北艾也会分泌一种阻碍其他植物生长的物质。

核桃树的扩张

核桃树是一种喜温、不耐霜冻的植物。实际上它也根本不是德国的本地植物。在大约2000年前，这种树随着罗马人到

核桃 *(Juglans regia)*

"核桃树的主干相对较短，撑起了巨大的树冠，下方的侧枝则以水平方向生长开
来。一整片叶子呈现为羽毛状。"

达欧洲，很快受到了人们的喜爱，而它自身也在不断地扩张。首先在冲积平原的森林地带，它们站稳了脚跟，覆盖率不断攀升。在多瑙河边，这种植物出现频率之高，俨然已成为一种"本地植物"，于是造成了核桃树是原生于此、自然分布的植物的假象。

赫雷曼·耶格尔在1877年的森林学专著《德国的树木和森林》中谈道："核桃树是一位来自异地的'不速之客'，但是在几个世纪之前就已经拥有当地的公民身份了。"

在德国西北部，植物学家们发现了一些自发生长、日益增多的核桃幼苗，他们甚至将这样一种现象形容为"胡桃化"（一种借鉴该物种属名的说法）。在德国鲁尔区的森林中长有许多年轻的核桃树，年龄都不过几岁。似乎一波核桃树的生长潮已经开始了。一种比较可能的解释是，气候变得更加温暖了。但是，仅此还不能解释这种树近期为何扩张成功。还有其他因素也起了作用，比如花园中的大规模栽种，以及一些通过收集果实来传播种子的动物的增加。

核桃树在我们今天这个时代仍然没有停止自发扩张的步伐。这几乎成了地球近代史上的一个讽刺。在冰河期之前，它还是一个位于中欧的阔叶林中的普通成员。在那段严寒时期，它们被迫迁往了更为温暖的地带，最终成功地挺过了冰河时代。

喜欢翻筋斗的植物

刺沙蓬
(Salsola tragus)

10月的魏森

我们现在身处易北河边的一个宽阔河谷，四处寻找一种枝叶横生的植物。它们的生长地并不那么光鲜亮丽，因为它们喜欢长在铁路轨道和垃圾堆旁边。就连这种植物本身也不是多么地引人注目，尤其是在没有开花的时候。晚夏时，在它们的茎秆上会开满许多小粉花，看上去就像披上了一层闪闪发光的东西。而它们的自然史却是相当精彩。

这种植物在德国的俗名就已经泄露出一些信息了——"陆地的盐草"[2]，很明显这种草能够适应多盐的环境，虽然并不生长在海边。实际上它们是生长在海岸区域的刺沙蓬的一个变种。植物学家认为它们属于刺沙蓬的一个亚种，具有略显不同的外表。该亚种相对来说比较罕见，并且生长在内陆地区的开放地带，在那里，它们的生长不会受到其他植物的干扰。

2　德语名为Binnenland-Salzkraut，有"内陆盐草"之意。

这种植物是一年生的，外表千姿百态。因此即使是植物学家也很难精确地划分"盐草"的种类，它们的亚种实在是太多了。比起区分刺沙蓬的种类及各个变种的细节，研究它们种子的传播方式就有趣得多了。

随风滚动

播种是一株植物生命中重要的事件之一。它是植物繁殖过程中的一个高潮，也是孕育后代的第一步。种子确保了这一物种的延续并产生了具有不同遗传特征的新变异。种子最终也产生于雌性基因和雄性基因混合重组的受精过程。植物的繁育原理与动物和人类是完全一样的。

重要的是，种子会通过某一种方式或途径离开母本植物，并找到新的适宜生长的地方。大多数植物的种子是通过风或者是动物来进行传播的，像松树这样靠风传播种子的植物，需要具备一些相应的技术手段，比如加上"翅膀"或"小伞"。而通过动物传播的种子，有的是藏身于美味的果实里面，让鸟类或者哺乳动物吞进肚里，再排泄出来；有的是利用一些小钩悬挂在动物的皮毛上，之后随其移动、迁徙而分散开来。

刺沙蓬的种子同样是通过风来传播的，但是和传统方法有一些不同。它身上并没有帮助种子高飞的"配置"，它们甚至很难从果枝上脱落下来。在一个多风的秋日我们可以揭开这个谜底，此时许多干枯的植物在地面上被风吹得四处滚动。刺沙蓬所有在地表的部分，包括茎、叶、果序以及种子都被风吹向了四面八方。茎秆掉落在地面上碎裂了，这种灌木状的植物在地面上不断地翻滚。这便是随风翻滚的植物——"风滚草"。也是植物学家形容这类植物种子特殊传播方式的形象说法。

这难道不是天才吗？在狂风中，这些植物还能够跑出更远的距离。这些种子的散播地之广可比它们自己拼命奔跑来得要远多了。为了在地面上顺利地滚动，风滚草还需要一些特定的条件。首先，这些植物会自然生长在一些植被贫瘠的地方，否则风的作用不会显著，比如森林里的风滚草就会绝望了。此外它们还长成一丛灌木丛，因为一个单独的茎会平躺在地面上，也不能被气流吹起来。所有的风滚草都枝节横生，茎多，同时还非常坚韧。当它们在秋季死去时也不会腐烂，就像紫菀和大丽花这些植物的灌丛一样。茎秆必须坚韧，在干枯之后也要保持足够结实，但是在掉落到地面上后，它们还是有可能折断的。因此就需要在茎秆上预先设计一个折断的位置，使之在种子成熟之后能够发挥作用。在茎秆开始枯萎时，就会首先在这个特殊的位置断裂。一旦风足够猛烈，整株植物就会断裂并在地面上滚动。

但是这还不够。这种植物还具有一个很多人都想不到的特点，即它们并不会立即释放自己的种子。试想一下，这些种子是喜欢松散地储存在果序中，很容易掉落，因而大概率地分散在母本植物的周围，还是更喜欢随风滚出长长的距离呢？这个草球会滚得尽可能地远,种子也在这一过程中一颗一颗地撒落下来。可见,成为一个专业的风滚草可不是一件那么容易的事!

草原植物群

风滚草只有在那些多风、平坦、低矮的植被群落中才有优势,也就是草原地带。如果是在一片森林中,风滚草种子这种传播的方式就没什么意义了。在东欧和亚洲的草原地带,也有一些植物喜欢"翻筋斗",比如说地肤,经常被栽种在花园里面,因为它们修长的外观让人不禁联想到柏树,所以也被称作"夏柏"[3]。它们的叶子在夏季显示出耀眼的红色。野生刺芹同样也是一种风滚草,它们喜欢生长在德国多沙和干燥的内陆地区,正如前面提到的刺沙蓬一样。这也就难怪在易北河谷,这两种植物能够相遇了。总的来说,只有很少的植物家族拥有这么独特的种子传播方式,这一类物种的数量是非常稀少的。

什么时候开始

刺沙蓬和其他风滚草种子的传播机制都和风有关系。需要多大的力量(或者准确地说需要多大的风力)才能将风滚草带上它们的旅途呢?无论如何,它们的茎秆都必须折断,以此来推动草球向前滚动。

---

3 德语为"Sommerzypresse",有"夏季的柏树"之意。

刺沙蓬 *(Salsola tragus)*

"晚夏时,在它们的茎秆上会开满许多小粉花,看上去就像披上了一层闪闪发光的东西。"

美国的科学家希望更加清楚地了解其运作机制，于是在科罗拉多州收集了一些新生的植物。刺沙蓬借助人类的力量抵达了新大陆，在本书后面的部分我还会再次提及这一点。科学家将这些植物放在花盆中培养，并借助其他成熟干枯的植物来进行实验。在一个风洞中，他们测量到底需要多大的风力才能扯断这种植物。结果是风速应在95~103千米/秒之间，这是一个很普通的速度。然而人们对风滚草有一种印象——它只有在遇到狂风的时候才会真正地动起来。

在20世纪80年代末，风滚草曾于一场剧烈的风暴之后在美国引起了巨大轰动。

被杂草席卷

当风滚草大规模地出现的时候，的确会带来一些麻烦。比如在美国历史上就曾发生一起让人难以置信的事件。1989年，美国南达科他州小城莫布里奇的居民成了这起轰动事件的见证者。当年11月8日，一些当地居民看到一幅令人难以置信的景象：整个城市遍布干枯的植物球。上千个灌木在夜晚通过强大的西风翻滚进入城市，并一层层堆叠了起来。许多干燥和多枝丫的植物相互缠绕在路面上，体型达到了汽车那么大。风滚草大军可以说是席卷了整个城市。

"那天早上我起床的时候，从窗外望出去什么也看不清。又高又厚的杂草包围了整个房子。有一次我甚至都无法打开家门出去遛狗。"一位目击者说道。《纽约时报》曾以《从风滚草大军中挖掘出来的城镇》为题报道了该事件。根据该报道，大约60间房屋连带屋顶被整个掩埋进了杂草之中，多条道路受阻。在城市的西区有报道称，当这些草原植物滚动起来撞击墙壁的时候，当地居民听到了一些类似石块砸向墙壁的声响。

当地政府采取了各种手段来帮助受影响的街区解困。政府提醒居民不要擅自发动汽车（因为这很可能点燃那些干燥的植物），并借助重型机械把那些草球压扁后捆扎起来。最终，清理大队一共从这座城市清理走了30吨的风滚草。

这一切是怎么发生的呢？莫布里奇位于密苏里河河边，也处在作为美国大型蓄水坝之一的奥阿希湖水坝的底端。该水坝截留了长达370千米的河流，并形成了一个狭长的巨大湖泊——奥阿希湖。由此，一连串不幸事件的发生最终导致风滚草席卷了这座城市。

这一地区前两年的气候非常干燥。1989年夏天，河流的水位下降了大概12米，由此露出了一片大面积的河床。河床的土壤肥沃并富有营养，但是上面却没有生长植物，这就为喜欢四处扩张的杂草创造了有利条件。在这片肥沃的土壤上，杂草开始发芽，一堆又一堆未来的草球"制造者"出现了，数千个风滚草就在这片本来应该被水流淹没的土地上安了家。到11月的时候恰巧出现了强烈的西风，一些风暴的风速甚至达到了100千米/小时，于是那些已经成熟的草球就被直接吹向了城市。

在1870年到1874年之间，俄罗斯刺沙蓬的种子可能混在亚麻籽里来到了美国，准确地说是南达科他州。到今天它们已经分布在北美各地，只要秋天的时候在中西部地区走一走，你或多或少地都会看见这些草球，它们要么悬挂在高速路边的栅栏上，要么包围着一个加油站。但是不仅仅在美国，在澳大利亚，人们也发现了这种可怕的杂草。

在德国，刺沙蓬可不像在美国那样狂野。原因很简单，它们缺少施展"才华"的空间。此外，刺沙蓬属于德国的本地植物，而在北美却是一个"外来客"。生物学家观察到，一些外来的植物特别容易极其旺盛地生长，原因一方面是缺少天敌，另一方面是缺少和其他植物的竞争。无论如何，刺沙蓬在奥阿希湖水坝寻找到了理想的生长环境，并由此迅速扩张了起来。

我们就让这些喜欢翻筋斗的植物继续翻滚吧！下面我们要介绍的植物将和刺沙蓬形成鲜明的对比，它们的独特之处就在花朵中。

香油四溢的花朵

毛黄连花
(*Lysimachia vulgaris*)

6月的维珀罗

在米里茨湖边，这里的土壤一直保持着湿润，在青草和树丛之间生长着一堆开着亮黄色花朵的壮观的灌木。它们最喜欢生长在阳光充足的黏土质土壤上面，但是在河谷森林和季节性潮湿的草地上也生长得非常旺盛，其中一些甚至长到了1.5米。它们的花朵能让人联想到风铃草，笔直的茎秆上生长着许多叶片。

人们认为，毛黄连花属于报春花科，和西洋樱草一样。至于拉丁学名中的"*Lysimachia*"[4]来自哪里，还没有确切的说法，也许这个植物学名来源于一位为亚历山大大帝效劳的叫作Lysimachos[5]的将军。其德语名则是由一些草地上新生的叶片而联想到的，暗淡的颜色使叶片看起来发黄。

4　意即"珍珠菜属"。

5　中文名为利西马科斯，亚历山大大帝部将。

　　事实上，毛黄连花并没有什么其他特别的引人注目之处。其花朵的颜色并不耀眼，因为黄色属于我们见到的花朵中最为常见的颜色，它们的外形也平淡无奇。即便如此，这种植物的花朵还是具有一些奇怪特征的。

敏感的花朵

　　这种花朵会对光产生特殊反应。毛黄连花会根据当时主要的光线情况开出两种花朵：阳生花朵和阴生花朵。受阳光照射的花朵颜色更为鲜艳，花瓣底部的内侧呈红色。此外，子房的雌蕊在长度上会超出雄蕊，看上去就像从花朵中探出头张望。处于阴影中的花朵则不得不在阴暗的环境中煎熬度日了。它们的颜色更淡，体积更小，花柱不会伸展得这么长。其间还存在着各种过渡形态。这肯定是和繁殖有关的一个奇怪现象。生物学家观察到，大多数向阴的花朵都会进行自体受粉，也就是说，同一朵花的花粉会传递到自身柱头上。只有朝着太阳的花朵才有可能被昆虫光顾，实现异花授粉。人们会有一种印象，那就是毛黄连花在阴影中过得很不自在。

　　阳光和阴影对一个器官的形态同时产生影响，并在叶片上显现出来，这是"树木界"的普遍现象。比如山毛榉的阴生叶和阳生叶就大有不同。阴生叶大多位于树冠内侧远离阳光的那一面，它们比阳生叶更薄一些，多呈现出更加深的绿色，因为其叶绿素的含量要高于阳生叶。叶绿素是一种吸收太阳光进行光合作用的色素，树木会根据不同的光线条件相应地调整它们叶子的状态，光线弱的时候就会产生更多的叶绿素，以更加高效地进行光合作用。目前人们尚不清楚为什么毛黄连花花朵的形态会受到光线条件的影响，不过，很可能与授粉有关。这就是这种植物最大的秘密所在。

以花油替代花蜜

开花实际上就是一株植物一生中的"高光时刻"。毛黄连花与和它相近的圆叶珍珠草，是我们植物区系中仅有的含油花代表。但这并不是说我们要从中提取生物燃料，因为在这方面毛黄连花还不能和油菜籽相比。除了花粉，它们的花朵还能提供丰富的油脂，而不是想象中的花蜜。这种油脂的黏稠度接近于色拉油，不能溶解于水，只能漂浮在水面上。这种物质其实和许多植物都会产生的易挥发的芳香油没有什么关系，其是从花朵中靠近花丝的细小的腺毛里流淌出来的。

由此可见，毛黄连花真是花朵中的"奇葩"。其他的显花植物要么只产生花粉，要么产生花粉和花蜜。花蜜是由糖构成的水溶液，与毛黄连花分泌的油具有完全不同的特性。那这些油到底有什么意义呢？谁会对此感兴趣呢？当然，它们不是无缘无故地产生的。

集油"专家"

只需有一点耐心，人们就可以发现谁会落在毛黄连花的花朵上。大多数时候是野蜂，也就是宽痣蜂属的代表。这种8~10毫米长的昆虫在德国有两个不同的种类，分别是欧洲宽痣蜂和黄足条宽痣蜂。它们腹部颜色很深，还有许多引人注目的明亮条纹。这些小蜜蜂尤其钟爱珍珠菜属植物，甚至为此进化出了专门的工具。它们的后腿，被昆虫学家称为"后肢"，显得异常粗壮。雌蜂的后腿就像一把宽大的刷子，用于收集花油，而雄蜂的后腿则更为粗大。因此，在英语中它们也被叫作"oil-collecting bees"[6]。

集油的过程也相当烦琐。人们只有同时观察蜜蜂采集花粉的方式，才能够理解它们是怎么采油的，因为两者都是手把手地进行的，对集油蜂而言，应该说是"腿把腿"。雌蜂会同时采集花粉和花油，并将它们混合性的膏状物带回蜂巢。在采油的过程中，雌蜂会用它们的前腿和中腿轻点花朵中细小的油腺。野蜂借助脚部的由精细绒毛构成的特殊吸垫来采油，就像用海绵吸水一样。紧接着它们用后腿（相当于是"花粉篮"）蹭上花油，上面无数细小的绒毛会立刻将其吸收。花粉也会通过这种方式沾满它们刷子似的后腿。此外雌蜂还会将后腹部顶在花粉囊上，让这里也沾满花粉，直到它们开始飞行的时候，才会通过后脚跗节上的"花粉梳"将花粉从后腹部传递到后腿。

---

6 意即"集油蜂"。

黄连花 *(Lysimachia vulgaris)*

"其花朵的颜色并不耀眼, 因为黄色属于我们见到的花朵中最为常见的颜色, 它们的外形也平淡无奇。"

因此，花蜜和花油是通过完全不同的方式采集的。蜜蜂借助口器吸取花蜜并吞进肚子里，花油则流进了它们的口袋。

这两类宽痣蜂一般在6~8月的夏季出现在河畔草地和其他湿润地带。蜜蜂在毛黄连花中几乎获取不了什么花蜜，但由于宽痣蜂的生存离不开碳水化合物，所以它们就会转而寻找其他植物的花朵，如饥似渴地吸取其中的糖分以恢复体力。但总体来说，它们拜访的植物种类并不多，能够为它们提供花蜜的植物也很稀少。

野蜂又会如何处理这些由花粉和花油混合而成的黏稠的膏状物呢？这些混合物会成为它们幼虫的"面包"。作为非群居动物，宽痣蜂也会像其他野蜂一样在地上筑一个蜂巢。它们会在青草和苔藓之下挖出一条约有一根食指长的向下倾斜的隧道。一些短小的向两侧延伸的小通道构成了育儿房。这里会储存幼虫的"面包"，宽痣蜂会在上面产下一个卵。花油也很可能用作防水涂料涂抹在蜂巢的内壁，所有的通道都被覆盖上一层清漆性状的薄膜。由于集油蜂和其他野蜂不同，无法产生出能够凝固的物质，所以生物学家认为花油的作用正是为了弥补这一缺点。但是花油为何能够在营养浆中保持液态，在蜂巢内壁变成固体呢？很有可能是蜜蜂把花油和自身的酶混合起来，从而使之固化。但无论如何，这种清漆性状的物质能够防止它们的繁殖场所受潮和腐烂。

孵化出来的幼虫会在两周内吃光储存的食物，然后在蜂巢中进入冬眠。让人惊讶的是，它们直到来年的春天才会变成蛹，并最终成为新生的野蜂飞出巢穴。

　　毛黄连花的花油中含有的热量达到了花蜜的8倍，因此它们是野蜂培育后代的理想的能量来源。当然，只有当进行采集的准备工作完成之后，它才能派上用场。这就体现出一种昆虫和植物双方面相适应的、只有少数物种参与的高度特化。

一个类似热带植物的特点

　　生物学家们认为，含油花仅来自热带，只有分布于8个科的大约1400个不同种类，兰科植物也包括在内。它们只占了显花植物极小的一部分，大约0.5%的比例。油脂演化成为传粉诱饵显然是一个较新的事件，野蜂是它们唯一的传粉者也能说明这一点。其他的昆虫，不管是蝴蝶、甲虫还是苍蝇，都无法利用油脂。

　　大多数的含油花都生长在新大陆的热带地区。其中金虎尾科下的种类就特别多，包括藤本植物、灌木和乔木。它们花朵的边缘呈现明显的流苏状，黄色和淡紫色相间，同样也会得到集油蜂的光顾。

　　在非洲热带地区，有一些葫芦科植物也会生长含油花，尤其引人注目的是一种苦瓜属的攀缘植物开的花。在白色碗状花朵的中央有一个硕大的淡黄色的油腺，它的分泌物沾湿了整个花朵。这类花朵的拜访者会在这里发现一大片浮油，足以让它们身心陶醉，而它们也会采用另外一种吸油的方式。它们后腹部的底部有无数的吸毛，野蜂就这样在"油田"的上方游过，然后将收集到的花油储存并粘在后腿上的花粉篮上。

　　毛黄连花和圆叶珍珠草这两类本地植物，为德国的植物区系带来了一些热带独有的风光。没有人知道为什么珍珠菜属的这两个种类只会分泌花油而不是花蜜，属于报春花科的其他代表性植物都是分泌花蜜的正常花朵。或许这是"旧时代"遗留下来的产物？接下来我们还会遇到另外一种特殊植物，它们也具有一些热带植物的特征。

　　我们终于从一大片湿润的亚灌木的生长地走到了一处农田，发现上面生长着一种微小的植物。在此，我们想讨论的可不是它们的花朵，也不是其播种或者求生的特殊策略，而是它们极小的体积。

谁是陆地上最迷你的植物

鼠尾草
(Myosurus minimus)

5月的韦尔措

在黏质土壤构成的农田上有一片湿润的区域,生长着一种极其平凡的植物,这也是我接下来要详细介绍的对象。它们在民间被称作"鼠尾草"[7],由于实在是很小,它们的存在很容易被人们忽略。它的数片狭窄的叶片构成一个小型的莲座,每片叶子的末端都是圆形的。这种植物只有当开花的时候,才会有一段或数段花茎抽薹长高,但最终这种小植物只能长到10厘米左右的高度。淡绿色的小花朵很难引起人们的注意,只有和它们体积相当的蚊子、甲虫、苍蝇等昆虫才会前来光顾。在开花结果的时候,这种植物又会展现出其神奇的一面。当花朵凋谢

7　中文正式名为鼠尾毛茛。德语俗名为"Kleiner Mäuseschwanz",可直译为"小老鼠尾巴",与它的英文俗名"tiny mousetail"来源相同,都是指果实形态像老鼠尾巴。真正的鼠尾草是欧洲常见的观赏花卉,也用作食用香草,有许多种,我国也常见栽培,属于唇形科植物,而鼠尾毛茛属于毛茛科,二者并无亲缘关系。

时，它们的茎还会延长到6厘米左右，不断生长的花茎就像高高竖起的老鼠尾巴，希望把种子播撒四方，这也是它们名字的由来。在其他植物身上也会出现这种在果实成熟时期自身长度增加和体积增大的现象，比如蒲公英，其带有银灰色茸球的茎秆始终比开花期的茎秆要长一些。

怎样才算小

在这一节我们将主要介绍一些迷你植物，准确地说是陆生植物，水生植物在这里暂不纳入讨论的范围。随后我们还会详细讨论在水环境中生长的植物，它们和陆地上的生物有着迥然不同的特征。还要说明的一点是：在这一节，我们也不会讨论苔藓，因为它和显花植物属于完全不同的类别。

鼠尾草是德国最小的陆生显花植物吗？这是一个非常难以回答的问题。首先我们须思考清楚，对植物来说怎样才算得上"小"。

"小"是指株高，还是叶片的大小，还是说体重呢？是的，植物也有一定的质量。在生态学的基础研究和农作物培育中经常需要测量植物的质量，生物学家称为"生物量"，通常以植物的干重作为衡量标准。

如果将充分发育的鼠尾草的生物量和其他小植物进行比较，我们就会发现谁的重量更轻。这里有种叫作"春茗苈"的娇小植物可以作为参照。在早春时节的路边，你就可以发现它们的踪影，但是需要仔细地观察才能发现这些小白花。春葶苈发芽后首先生长出莲座叶，直到开花的时候才会冒出一个茎秆，长度比鼠尾草略长一些。

鼠尾草和春葶苈都是一年生植物，其生命的延续在于种子的传播。在果实成熟之后，它们就渐渐地死去了。由于这个原因，它们的生物量很低，根系也非常瘦小，在短暂的生命之中，它们也不需要累赘。其他一些小体积的多年生植物则需要依靠根系挺过艰难的寒冬。为了生存，它们必须为自己多增添一些"筹码"，比如生长出发达的根系来储存养分。哪怕石生堇菜也只有8厘米的高度，这样来看的话，鼠尾草还算不上最小的植物。对植物来说，小是相对的。我们所观察的植物器官不同，所得出的结论也不相同。

因此，我们可以看见一些一年生的小植物能够开出超出自身躯干的大花朵。我还记得在某一个早春时节的雨后，在美国西南部的一片沙漠上，酸浆草萌芽了。它们的叶子非常小，但是花朵却有几厘米长，以至我们从很远的地方就能看到紫色的斑点。

一些植物长得不高，但我们不能由此就断定它们体积也很小。无论如何，我们都还要观察一下隐藏在土壤之下的根系。在阿尔卑斯山脉地区，我们就发现了一些株高只有2~10厘米的蓝绿色的虎耳草。但是作为垫状植物，它们延伸出了很多枝节，还具有相当发达的根系，使得它们可以牢牢地被固定在岩石的缝隙中。因此,我们在观察一些小型植物的时候,只看高度是没有意义的,比如垫状植物高度不高,但是在宽度上却足够可观。

小型植物"展览馆"

接下来我想向大家介绍这个世界上最小的植物,你们准备好了吗?我们听了太多关于"最高""最大"的记录,比如最高的树木、最大的叶片、最大的花朵等,现在我们也要让那些小型植物走到聚光灯下。正如前面所说的,我们刚才只介绍了陆生植物。最小的显花植物(小浮萍)还要在水上才能找到,它看上去是椭圆形的,分布在水面上,测量下来只有1~2毫米大小。

从世界范围来看,超小紫罗兰是人类迄今为止在陆地上发现的最小的显花植物。1962年,美国植物学家休·伊尔蒂斯在南美安第斯山脉采集到了这种植物,但是并没有意识到这是一个新的物种。伊尔蒂斯与这种植物的邂逅纯属偶然,当时他在拍照的时候不小心弄丢了镜头保护罩,在找寻的过程中意外发现了生长在石缝间的超小紫罗兰,但是他以为它们是一些已知的植物品种。随后他采集了一些标本粘贴在记录本上,并做好了标签。直到50年后,另一位植物学家在仔细观察这一标本时才发现,其实它们属于一个全新的物种。因此,直到2012年才出现了关于超小紫罗兰的正式描述。超小紫罗兰一般生长

鼠尾草 *(Myosurus minimus)*

"它的数片狭窄的叶片构成一个小型的莲座,每片叶子的末端都是圆形的。"

在海拔3600~4300米之间的岩屑堆地带。它们如此之小，连带花朵一起也只有大约一美分硬币大小。叶片和花朵几乎不超过1毫米长，整株植物也大概只有1厘米高。

德国植物区系中体积最小的陆生植物一览

品种	株高	生命周期和栖息环境
鼠尾草	2~10厘米	一年生；湿润的农田、路边
春葶苈	2~15厘米	一年生；道路、贫瘠的草原、墙脚、农田
雪龙胆	1~15厘米	一年生；石漠化草地
纤毛漆姑草	3~10厘米	一年生；农田、石块路面缝隙
石生堇菜	3~8厘米	多年生；干草原、沙丘、岩屑堆
穆坪堇菜	3~10厘米	多年生；高地沼泽、低位沼泽
耳状报春花	1~4厘米	多年生；小雪谷、湿润的碎石地、贫瘠的草原
无叶婆婆纳	2~8厘米	多年生；阿尔卑斯山高山牧场、岩屑堆、小雪谷

为什么这么小

为什么一些植物体积很小，而另外一些像水杉这样的植物却如庞然大物？其实植物身上存在的这种大小差异非常惊人。当然我们知道，犬蚤和蓝鲸比起来同样也是微不足道的。这是两种截然不同的生物群，也是两种完全不同的生命结构——昆虫和哺乳动物。但是，显花植物在生命结构和生存方式上却具有相同的特征。

在自然界中存在着这些微小的植物，肯定是有其原因的。这些小生命在一定条件下一定比大体积的植物具有某种优势，否则早就成为残酷的自然选择中的失败者了。

植物的生存环境和生存条件在此起着决定性的作用。如果一株植物良好的生存环境稍纵即逝，那么它就会抓住一切可能的机会迅速生长，并不断播撒新的种子。这对于那些小植物来说就轻松多了，因为和那些体积较大的同类相比，它们并不需要太多的养分来支撑自身的生长。植物的生长肯定需要阳光和能量。在沙漠中发现一些生命周期极其短暂的小植物也绝非偶然。不规律的降水条件在这里催生了一种新的生存方式，那就是抓住降雨后土地仍保持湿润的短暂机会，迅速地萌芽、生长、开花、结果。沙漠中的一年生植物，有时候甚至能够在短短数周的时间内走完一段生命周期。

鼠尾草生长的环境也决定了它们必须采取最佳的生存策略。它们需要湿润的土壤，又不能被其他植物遮挡，尤其要避免与那些体型较大的同类竞争。在春天，它们会抓住短暂的时间进行生长和繁殖。鼠尾草周围也不能有其他植物，因为竞争者会掠夺光线和空间，对其产生竞争压力。因此，在草地或者森林中鼠尾草就没有生存的机会，而农田、暂时被淹没的土地和泥泞的河岸，简单地说，就是那些没有被完整植被覆盖的不稳定的地带，就为这些迷你植物提供了理想的生存环境，但同

时也导致了它们的生存状况极为不稳定。这一年鼠尾草可能
生长茂盛，但到了下一年可能就变得寥寥无几。一本野外生存
指南曾提到鼠尾草"生长不稳定、生命周期短暂"，这正是许多
一年生植物的命运。

让人惊奇的是，作为一年生植物的小小的雪龙胆，竟然也
能在高山上生存。雪龙胆竟能抵达海拔2600米的高度，那里
夜晚的温度很低，绝非生长的理想之地。因为大多数的高山花
卉都是多年生的，雪龙胆算是在此生长的例外，它们借助发达
的根系熬过严冬，并在来年继续繁殖。小植物在阿尔卑斯山脉
也占有一定优势，它们能够较好地抵御恶劣天气，并在寒冬来
临之时将自己的身子掩埋在厚厚的雪层之下。

迷你植物不仅具有独特的魅力，还展现了大自然非凡的想
象力。无论外部自然环境如何，所有植物都能够找到自身的生
存之道。植物不仅在外形上展现出了丰富的多样性，它们自身
的生命周期也大不相同。一些生命极其短暂的一年生植物只
能成活数周，而一些大树却能屹立千年之久。

下面我们要介绍的一种野生植物同样喜欢生长在田野中，
但是它们的故事就不一样了。

流浪的田间野草

麦仙翁
(*Agrostemma githago*)

7月的武斯特马克

　　勃兰登堡州因其广阔的麦田被誉为"德国的粮仓"。当罂粟花绽放的时候，它们红色的花朵在一片片麦秆中探出头来，呈现出壮丽的景色。许多游客驻足观看，并用照相机记录下这一美丽的时刻。罂粟是一种生长在农田里的野草，而"野草"的德语单词（Unkraut）[8]字面上的意思却是自相矛盾的，因为田间野草是完完全全的草本而非木本植物。但是，罂粟不是这一节的中心主题，更为常见的矢车菊就更不会在这里讨论了。这次的主角是一种非常壮丽的植物，它同样生长在田间，却日渐稀少，它的名字叫作"麦仙翁"。麦仙翁的特别之处在于它像麻雀一样一直跟随着人类，生长在农田里，也就是说它们已经完全适应了农田的环境。它们习惯了与禾谷类植物为邻，几乎

8　德语单词"Unkraut"由否定前缀"Un"和词根"Kraut"组成，后者有"野草"的含义。

那样。

汤普森观察的麦仙翁在完全不同的时间点开花，株高也截然不同。它们中最快的在播种70天后就开花了，最慢的则需要近100天，两者相差了近乎一个月。在株高上，这种差异更为惊人，来自英格兰或者瑞典的麦仙翁和来自希腊或者葡萄牙的同类相比要瘦弱得多。毫无疑问，来自不同地区的麦仙翁具有显著的基因差异。其背后的原因又是什么呢？

让我们来了解一下麦仙翁的历史吧！这种植物的历史与人类的历史紧密相连，尤其是人类的居住变迁史。专家们认为，早在新石器时代，麦仙翁就由东地中海地区迁往了欧洲中部，那时人类逐渐开始种植粮食作物。植物考古学家在瑞士湖泊的沉积物中发现了来自约公元前2000年的麦仙翁残余的种子。也就是说，这种植物很早就与小麦和黑麦的种植历史联系在了一起，并逐渐适应了当地的自然环境。

从另一个角度来看，和那些种植在花园里的植物相比，麦仙翁正是因为出现在庄稼地里才引人注目。在路边或者居住区的附近能够时不时地发现这样一种植物，也算是一件挺有趣的事情。但是，完全不受人类影响的纯野生的麦仙翁是不存在的，因为它并不是一种寻常的野生植物。人们不知道麦仙翁在人类开始耕种之前是从何处开始生长的，更不知道它们生存的自然环境是怎样的。由此看来，麦仙翁就是一个喜欢生活在有人居住的地方的"流浪者"。

麦仙翁 *(Agrostemma githago)*

"麦仙翁大约有1米高，整株植物毛茸茸的，狭窄的叶片逐渐呈现出一个尖尖的形状。"

与农夫为伴

可以肯定的是，数千年来麦仙翁生命的延续是离不开人类的。在人们开始打谷子的时候，这种一年生植物也开始播撒自己的种子。它们的种子会和庄稼的种子一起被收割，又重新播撒在耕种后的土地上。只有当它们的种子成熟的时间和庄稼成熟的时间吻合的时候，这样一种生存方式才会奏效。只有这样，麦仙翁的种子才能与小麦和黑麦的种子混合在一起被农夫们重新播种。

人们可以认为麦仙翁已经适应了欧洲各地区独特的自然环境，因为人类在不知不觉中对它们进行了一场严格的选择。具有错误生长机制的麦仙翁没有生存的机会。只有这样才能解释，为什么英国伦敦皇家植物园温室里的麦仙翁与其他麦仙翁会出现巨大的差异。

为什么麦仙翁在惊人的短时间内变得如此罕见？它们在英国群岛上的三张分布图清晰地展现了这一戏剧化的过程。在1930年之前，它们还存在于整个爱尔兰和英格兰岛，在英格兰南部地区尤为茂盛，但在1970年的分布地图上，人们就只能在南英格兰看见几个小点了。那么，在它们身上究竟发生了什么？

原来，麦仙翁成了农业工业化进程中的牺牲者，具体来说就是栽培技术的现代化和机械化给予了它们致命一击。"罪魁祸首"是清种机技术的改良，其次是农业的快速扩张和除草剂的大量使用。早在18世纪，就出现了能够分离粮食种子和杂草种子及其他异物的机械。振动筛选技术可以根据植物种子的体积和重量的不同来除去杂质，正如那句格言所说："好豆子放小盆里，坏豆子吃进嘴里。"[9]

今天，更加现代和便携的农业设备的投入使用，使得农夫们可以在耕种土地的时候获得纯粹的种子。由此导致许多包括麦仙翁在内的依赖农田环境的植物大量消失了，如今在农田上已经很难发现它们的踪迹了。

曾经让人生畏的杂草

或许麦仙翁数量的减少并不是一件坏事，因为它本身是有毒的。麦仙翁有毒的种子会污染面包，所以它们曾经是让人望而生畏的田间杂草。这种有毒物质叫作"皂苷"，过去经常是导致人和动物中毒的罪魁祸首。有时面包粉中含有多达7%的麦仙翁种子成分，也难怪有许多人因此中毒了，其中毒的症状和麻风病症状非常相似。但和许多有毒植物一样，麦仙翁同时也具有一定的药用价值。

麦仙翁很显然是一种高度依赖人类的特殊物种，近乎一种几乎没有在大自然独立生存过的家用植物。汉堡洛基·施密特

9　出自童话故事《灰姑娘》。

基金会曾在2013年将麦仙翁评选为"年度之花",并评价其为"生长在农田上的野生药材的突出代表,其独特的生存方式对我们人文景观的多样性、独特性和观赏性产生了巨大的影响,也在视觉和美学层面丰富了这些景观的内容"。

在武斯特马克田野后方有一片巨大的森林,在逐渐枯黄的粮田上投射下了深色的阴影。这片森林有着独特的生态系统,其中植物的种类及其生存模式自成一体。接下来我们就将离开田间小路,步入光影婆娑的森林世界。

在森林中

渴望迁往热带的灌木

欧亚瑞香
(Daphne mezereum)

3月的施文宁根

在施瓦本山霍伊贝格地区有一片阳光明媚的森林，在早春时节树木还没有抽发新芽的时候，有一片点缀着玫瑰红花朵的灌木丛特别醒目，这就是欧亚瑞香。它们的枝丫很少，即使在这个时节也没有长出多少叶子，这是由它们的生长特性所决定的。在一个小小的茎秆上通常会立着三朵紧挨在一起的花朵，它们在1米多高的灌木丛中特别显眼，为光秃秃的森林带来了无限的生机。在温和的冬天过去之后，欧亚瑞香在2月就早早地开花了，它们喜欢生长在富含腐殖质、略微湿润的土壤上。

花开之时，可谓花香扑鼻，但又不是那么浓烈。这时四周的昆虫还不是那么活跃，而飘散的花香特别有利于吸引传粉者。1924年，瑞士植物学家乔治·库默尔曾经写下这么一段略带夸张的描述："欧亚瑞香花朵的香味能够导致过敏性体质的人出现轻微头痛和神经过敏，甚至会引发鼻出血。"

欧亚瑞香是一种与众不同的植物，它们炫丽的部分并非花瓣，而是花萼。在玫瑰花上，萼片就是那些绿色的小叶片，而花瓣就是从这些绿叶上发育出来的。在玫瑰花含苞待放的时候，花萼小心翼翼地把花朵内部保护起来，直到绽放的时刻到来。欧亚瑞香其实缺少真正的花瓣。

尽管这种植物有毒，但是在以前它们是被用作治疗牙痛和皮肤病的药材，也被用来防治虱子。在德国民间，它们有着数不清的别名，例如 "Bergpfeffer" "Kellerhals" "Warzenblast"。欧亚瑞香总共有4个种类，分布在德国境内的都是野生的瑞香科植物的代表。虽然瑞香科植物的踪迹遍布全世界，尤其是在地中海、澳大利亚和非洲地区，但是瑞香属植物在世界范围内却只有大约50种。

奇异的解剖结构

请你想象一下有一棵苹果树，其花朵直接从枝干上长了出来，离地面有0.5米或者整整1米高。在我们看来这绝不是什么正常现象，它们很有可能感染了一种病毒性疾病或者出现了畸形。当这棵树结果的时候，画面就更加怪异了，尽管采摘这样的苹果会更方便一些。上述现象在热带地区更为常见，植物学家则将其称为"老茎开花"现象，但是这只出现在乔木或者灌木这样的木本植物以及部分农作物身上。比如面包树的果实不仅悬垂在树冠上，也在树干的一处短枝上摇曳。可可树黄色和浅红色的果实同样直接生长在树冠和树干上，这种具有类似皮革的质地、约半公斤重的果实,像树上的蘑菇一样层层叠叠地分布在树干上。此外,一些热带的榕树也具有老茎开花现象。一些树木的花朵甚至直接生长在树干底部,以至没人相信这些花是这棵树的一部分。

老茎开花现象最奇特的表现就是这些木本植物花朵和果实的生长位置了。对于苹果树以及所有在德国植物区系生长的树木来说,花苞只会出现在新生的并且还是翠绿色的或尚未木质化的枝丫上,而不会长在老树枝的底部,更不会出现在树干上。一般的树木的这些位置不会出现花苞,老茎开花的植物则完全不同:花苞都隐藏在树皮之下,并能在此绽放。这可真令人吃惊,因为人们一直认为树皮是一种坚硬而厚实的组织,能够保护树木完全不受外界的影响。

都是因为动物

植物学家们自然会追问这类植物在树干上开花的意义和目的。值得注意的是,此类乔木或者灌木的花朵都是通过动物完成传粉的。一些结出硕大果实的热带植物也十分依赖那些以它们果实为生并协助其播种的动物。花与果和白天与黑夜一样属于一个整体,大多数植物都会借助动物来传播种子。这些“拜访者”会把一朵花的花粉传递到另一朵花上,以此完成传粉。花蜜和多余的花粉则会成为诱饵,植物结出的丰满果实则是对这些传播者辛劳工作的报答,当然也是为了自身种子的传播。还有一种借助动物消化系统进行传播的方式，比如鸟类会采摘吞食花楸树的浆果，果实在鸟类体内消化后种子会被完好无损地排泄出来。

热带雨林地区有着各种各样的动物在寻觅花朵，嘬饮花浆，而在德国则只有昆虫。热带地区的叶鼻蝠和鸟类也会加入传粉"大军"，其中有名的当属新大陆的蜂鸟、旧大陆热带地区的太阳鸟和吸蜜鸟，它们在花朵间不辞辛劳地飞舞。除了鸟类之外，蝙蝠和哺乳动物也为植物种子的传播做出了贡献。但是这一切又和老茎开花现象有什么关联呢？

美国进化生物学家乔治·莱迪亚德·斯特宾斯（1906—2000）曾经推测，热带雨林昆虫的分布与传播种子的动物行为有关。热带雨林是世界上最复杂和物种最丰富的栖息环境，里面生活着各种各样的昆虫，它们分布在多个层次空间，其中一些昆虫会飞，一些昆虫聚居在地面附近，还有一些只住在树冠区域。斯特宾斯认为，在树干上开的花朵便于地表昆虫传粉。此外，在热带地区还有一些传粉昆虫在寻找花蜜的过程中特别善于攀爬，和在细树枝上相比，它们更能在树干或者粗大的树枝上一展身手。花朵的结构通常非常轻盈，只有体重轻的昆虫才能安然无恙地降落在上面。与悬停技术突出的蜂鸟和许多蝴蝶不同，一些叶鼻蝠和鸟类无法悬停在花朵前面。一些吸蜜鸟体形健硕，却能紧紧抓牢小树枝，在静止状态下吸食花蜜。你们能想象出一只稳稳地降落在郁金香上的乌鸦吗？

这一点对果实而言其实更为重要。当小型的哺乳动物开始觅食的时候，会在树木上爬来爬去，始终保持着良好的平衡。长在树干和粗大树枝上的果实比长在树冠区域的更易采摘。这也适用于一些大型的鸟类。我们也许无从证实斯特宾斯的观点是否正确，但这丝毫并不影响这一现象的奇妙。

过去的遗迹

欧亚瑞香尽管属于灌木，它们的花朵也是直接开在树干或者较为粗大的树枝上的。当果实成熟时，老茎开花的景象更具有观赏性，因为许多猩红色的浆果在叶片下的小茎秆上冒了出来。

为什么欧亚瑞香具有这一特点呢？它们的花朵和其他花朵一样都会受到蝴蝶和蜜蜂的青睐。这些动物不需要在这种灌木细小的茎秆上停留，比如以欧亚瑞香的果实为生的白鹡鸰、鸫鸟和红胸鸲，它们就不会去触碰其茎秆。此外，这种浆果对于人类和哺乳动物来说是有毒的，对于鸟类却十分安全。瑞典生物学家卡尔·冯·林内（1707—1778）认为，人们"只需6个浆果就可以杀死一匹狼"。

现在让我们回到欧亚瑞香"老茎开花"的话题。产生此现象的原因其实是很难解释的。也许这种天性仅仅是基因决定的结果，因为瑞香科种类非常之多，在热带地区都有它的身影，像皇冠果树这类物种的长长的白色花朵也是树干上长出来的。

欧亚瑞香 *(Daphne mezereum)*

"在一个小小的茎秆上通常会立着三朵紧挨在一起的花朵，它们在1米多高的灌木丛中特别显眼，为光秃秃的森林带来了无限的生机。"

也许欧亚瑞香的这种行为机制是在悠久的进化历史中逐步形成的，毕竟在数百万年前，第四纪冰期还未到来，欧洲地区仍处于热带的自然环境中。

在德国的森林中还有一种叫作"常青藤"的植物，它们不禁让我们联想到数百万年前的热带欧洲。一方面它们属于一个特殊案例，因为是藤本植物（一种攀缘植物），岁数较大的常青藤能够长到胳膊一样粗。在德国，只有少数植物具有这样的生命形态，铁线莲就是其中最著名的一种。另一方面，常青藤正如其名，有着四季常青的叶子。这对于温带地区的木本植物来说是非常罕见的，尤其是在那些冬季特别严寒的地带。阔叶树在秋季纷纷落叶，因为无法承受霜冻，而针叶树的树叶在严寒季节仍然可以保持翠绿，但它们是完全不同的一大类植物。

常青藤属于五加科植物。大多数五加科植物生长在热带地区，在德国，除了常青藤就没有别的五加科种类了。常青藤成了"最后的莫西干人"，是曾经广泛分布的植物家族留下的孤独代表。

因此，常青藤和欧亚瑞香成了自第三纪结束后数百万年来仍然带有热带特征的两个植物种类。看到它们，就让人联想到昔日恐龙称霸世界的时期，那时的德国温暖又潮湿。时至今日，欧亚瑞香身上仍然遗留着那个时期独特的历史气息。

树木的性别之谜

白柳
(Salix alba)

4月的鲁斯特

在陶伯吉森自然保护区，阳光明媚的一天开始了。这里的一片片牛轭湖表明，莱茵河曾在此造成了广阔的河漫滩，强壮的白柳环绕着河流及其支流。在这么多柳属植物中，白柳的高度最高，能够超过20米。新生的狭长叶片上面有着许多白色茸毛，白柳因此而得名。此时眼前的白柳已经开花了，空气中到处是嗡嗡的声音，因为有上千只蜜蜂正在辛勤地工作，忙碌地搬运着丰盛的食粮。在初春时节，能够供它们享用的花朵数量还不是很多。

一些河边的散步者摘下了还沾有柳絮的柳枝，带回家插在花瓶里做装饰。白柳的柔荑花序呈狭长的圆柱体状，大概7厘米长，笔直地立在柳枝上。

柔荑花序是一些不起眼的小花朵的集合。柳树的花序不是由单独的花朵组成的，而是由无数个小花朵簇拥在一起的，就像一个枝状吊灯含有多个灯泡一样。事实上柳絮背后还隐藏着一个秘密呢!

雌雄异株

让我们更加仔细地观察一下白柳树。一些白柳的柳絮呈黄色,因为许多雄蕊在空中摇曳,散落出花粉。其他的白柳可能根本就没有雄蕊,花序中只有一些绿色的锥状物体,就像插着一根天线的小花瓶。这其实是带有柱头的子房,用于接收花粉。这些白柳树有的带有沾着花粉的雄蕊,有的带有子房,两者不可能同时出现在一棵树上。不仅白柳是这样,所有的柳属植物都有这个特点。

毫无疑问,柳树的雌花与雄花分别生长在不同的株体上,这就意味着它们就像哺乳动物一样有雌雄之分。植物学家将其称为"雌雄异株植物"。

除了柳属植物,还有很多植物具有雌雄异株的特点,比如啤酒花、大麻和银杏。但是在这个世界上的显花植物中,只有极少部分具有这一属性,大概占到5%的比例。总之,具有雌雄异株特点的大多是乔木和灌木。

雌雄异株的形成机制看起来似乎并不是进化成功的结果,否则这一种类的植物数量会比今天多得多。但这个结论真的就是正确的吗? 它也有可能是种系发生史上的一个全新现象,并且这一全新现象在当今的植物世界中还没有完全传播开来。

但银杏很快就反驳了这一论点。银杏是雌雄异株植物中显赫、古老的代表，人们已经发现了其雌、雄树的存在。如果有着"活化石"之称的银杏都具有雌雄异株的特征，那么雌雄异株的现象就绝不是在现代才出现的。雌性银杏树不太受人们的欢迎，一般不会在公园中种植，因为它们的果实会散发出令人不适的强烈气味，如同臭气熏天的黄油。

人们或许很好奇这一繁殖机制所具有的优势在哪里。如果只是单纯地从经济效益的角度来考虑，具有雌雄异株特性的植物种类中只有一半个体，即雌性，能结出种子并繁殖后代。雄花自然会产生用于传粉的花粉，但雄花本身对于传播并没有太大作用，而且它们和雌花一样，也需要足够多的能量和有机物质来促进生长。事实上这就是一种资源上的浪费。

雌雄同株的缺憾

具有两性花的植物在繁育和传播种子方面更有效率。它们中的大多数既会在花朵中产生花粉，又会结成子房，也就是说它们具有两种性别，比如许多种在花园中的郁金香以及百合花，看上去都特别漂亮。它们有6个厚大的散发花粉的花粉囊长在细弱的雄蕊柱上，花粉囊环绕着子房，而子房端坐在花朵中央，其上生长着花柱。柱头是一种具有黏性的组织，用于接收花粉粒。子房是雌性生殖器官，里面有一个到多个胚珠。当一粒花粉降落在柱头上的时候就会开始发育，形成一条细细的管状物穿过子房直达胚珠。紧接着花粉就和胚珠充分结合完成受粉，种子就开始生成了。

　　两性花自身也有一个缺憾，就是面临自花传粉和近亲繁殖的风险，这会对成功的繁殖造成负面影响，而实现自花传粉只需要自身的一点花粉沾到柱头上就够了。郁金香和其他许多花的雄蕊距离柱头的位置其实非常近，通常还不到1毫米。正是出于这个原因，两性花植物进化出了一套机制来防止近亲繁殖的发生。最简单的一种就是自身的花粉和子房并不"兼容"，也就是说它们无法发育。一些其他的植物则借助力学原理来降低自花传粉的概率。还有一些植物的雄蕊比柱头要长很多或者短很多，或者柱头成熟的时间比雄蕊要晚一些。也就是说，后者首先要经历雄花发育的阶段，其次才是雌花，比如在贫瘠的草地上生长的小地榆就具有这一特点。如果我们再仔细观察，还能在它们身上发现雌雄分离的一些特征。比如球状花序中在底部的花朵全部是雄性的，在顶部的花朵全部是雌性的，而在两者之间则有一些雌雄同体的花朵。这还真是一种复杂的情形，谁能说说小地榆到底是什么性别呢？植物界有五花八门的组合方式和过渡形态，其多样性比动物界要丰富得多。既有雄花又有雌花，甚至还有两性花的植物种类其实是非常多的。

雌雄各异吗？

从源头上杜绝近亲繁殖最好的方法就是实现雌性器官和雄性器官的完全分离，比如让花粉和子房生长在不同的花朵上。雌雄异株的植物就运用了这一原理。雌雄异株只能实现异花传粉，因为一棵树的花粉必须到达另外一棵树上，无论是通过风、蜜蜂，还是其他昆虫。

我已经提到过，具有雄性和雌性两种性别的植物其实是一种特殊案例。白柳的雄树和雌树看上去几乎一模一样。那我们是否可以大胆地设想一下，在一些雌雄异株的植物身上是否也具有类似动物的性别二态性呢？这一术语看似有些让人摸不着头脑，但其实指的是在许多动物身上非常常见的一个现象：雌性动物和雄性动物在外观上有着很大的差别。这在许多鸟类、昆虫和无脊椎动物身上可以观察到。一种是雄性动物比雌性动物的体型更大、身体更为强壮或者身体上的颜色更加鲜艳夺目，另一种则是相反的情况。但是在鮟鱇鱼身上却存在着一种极端的性别差异，那就是雄鱼特别小，还牢牢地黏附在雌鱼身上。

个别植物种类也具有显著的性别二态性，比如南美洲热带雨林里有一种瓢唇兰属的兰花，它们雄体和雌体的花朵差异十分之大，以至最初被误认为分属于两个植物种类。雄花由几片带着紫色斑点的长长的绿色花瓣构成，在花的下半部分生长着蓬乱明亮的茸毛。雌花的外形则像僧侣的兜帽斗篷，三片椭

白柳 *(Salix alba)*

"柳树的花序不是由单独的花朵组成的，
而是由无数个小花朵簇拥在一起的，就像
一个枝状吊灯含有多个灯泡一样。"

圆花瓣在上方围出一个空洞，专门吸引传粉的动物。对于兰花来说，拜访者只有兰花蜂。人们也许会很困惑，为什么单一物种在种系发生过程中会形成形态大不相同的花朵呢？这显然是和传粉有关的。宽叶慈姑的雄花和雌花就始终有着显著的差别，尽管这种差异还不算那么极端。这种源于北美的植物也在德国野化生长，其雄花的体型比雌花更大，在茎秆上的数量也更多。所有这些差别肯定是和昆虫传粉的行为有关的。也许只有当带有花粉的花朵数量更多的时候，才能够让雌花成功受粉。

同一株植物雌株和雄株的差异不仅仅体现在花朵上。在南非的岩石地带生长着一种山龙眼科的植物，叫作"红花卢卡树"。它其实并不是乔木，而是一种灌木，其雄株的叶片比雌株的要小得多，花朵也存在大小上的差异。当人们同时观察这株植物的雄性器官和雌性器官的时候，很难想象它们竟然属于同一个种类。由于它们的花朵依靠风媒传粉，因此这种性别差异并不是为了吸引昆虫的光顾而形成的。

如果性别都一样的话

对于一些植物来说，性别的差异并不是那么重要。让人非常惊讶的是，来自美洲的加拿大伊乐藻竟然在德国的水域定居了。它也是一种雌雄异株的植物，但在德国只有雌性的个体，不能够产生种子。而在另外一种更为罕见的叫作"苦草"的水生植物身上，情况则完全相反。它们也不是本地植物，而是来源于美洲的热带地区，在德国只有雄性的个体。这些单性植物又是如何实现传播和繁殖的呢？原来这两种水生植物都依靠无性繁殖，也就是说它们的茎秆能够折断，碎片散落在水中后会四处漂流生长为新的植物。似乎仅依靠这一机制，加拿大伊乐藻就完全能够解决自身的生存问题。实际上，这种杂草曾在19世纪的英格兰疯狂生长，以致堵塞了船只通行的航道。

现在让我们把目光转回柳树。分布在全世界有500种之多的柳属可以说是最成功的木本植物属，至少其雌雄异株的特性让它们实实在在受益了。

因此，上文中谈到的白柳和一些其他的植物种类可以说是雌雄异株物种奇特的代表，它们都只是一些个例。尽管和其他国家的相比，它们在德国并不是那么引人注目。在下一节我们同样会谈到花朵，但并不聚焦于其性别问题，这种植物有着另外一个奇异之处。

看不见的花朵

欧细辛
(Asarum europaeum)

3月的布劳博伊伦

一簇簇茂密的花朵覆盖了这座小城周围的林中土地。这片阔叶林生长在富含石灰质的土壤上，整个地区遍布地下岩洞。世界闻名的喀斯特温泉、蓝泉也在这里。我们在这里只看地面风光，细细观察这片以山毛榉为优势植物的森林。3月的树木还是光秃秃的，在有些地方，去年秋季的树叶还覆盖着地面。但在一些小道的边缘，紫堇已经铺出了一条条绿毯，上面紧密地排列着紫色的花朵。在其他地方，则生长着银莲花或者榕叶毛茛。在这短短的几周时间里，树木还没有长出叶子来，温暖的阳光照耀着地面，大量的春花赶在天气再次变得阴凉之前迅速地生长并绽放。

在这茂密植被的各种树叶和茎秆之中，还隐藏着一种毫不起眼的植物，第一眼看上去很容易被误认为是常青藤。欧细辛的肾形叶尽管和常青藤的有些不一样，但是它们在阳光的照耀下熠熠生辉，呈现出饱满的深绿色。它们就隐藏在地面上褐色的灌木叶之间。这种植物几乎贴着地面，有梗的叶子至多不过10厘米，人们要仔细观察才能发现其匍匐在地面上被树叶遮盖的茎。

花朵究竟在哪?

大多数的森林拜访者都注意不到它们的存在，甚至对于那些野外摄影师来说，欧细辛也无法给他们提供激动人心的拍摄题材。没有显眼的叶片，甚至连花朵的颜色也很单调。

如果想一睹这些神秘花朵的真容，你就得跪下来，小心翼翼地拨开它们的叶片，拂去上面的树叶。接下来，你会看到一幅奇异的景象:在地表上紧密地排列着一些微长的铁锈色花朵，花朵还没有一个指甲长。它们的外表长着厚厚的茸毛，里面是深紫色的。花朵的三个尖角在顶端是密闭的，因此只有通过缝隙才能够进入花朵的内部。花朵散发出一种类似胡椒的不寻常的气味，就连碾碎的叶子闻起来和尝起来也都像胡椒一样。或许这也是这种植物在民间被称作"野胡椒"的原因。

为什么它们的花朵会隐藏在叶片之下或树叶之间? 正常的花朵本应该是色彩鲜艳的，在较远的地方就能够被一眼识别，这样才有利于传粉者轻松地找到它们。最理想的情况应该是，它们像灯笼一样立在茎秆上，而不是半掩在土壤中。比如当罂粟花和矢车菊在麦田里绽放的时候，它们红色和蓝色的花朵就压过了庄稼的秆,这样蜜蜂和其他的小动物就能够迅速地找到它们。

欧细辛则是一个例外,是德国本地植物区系中的一个另类。在德国植物界中,属于细辛属植物的只有欧细辛一类。事实上欧细辛属于马兜铃科,这一科植物以不同寻常的花朵著称。这也就不难理解为什么欧细辛选择了一种和那些来自田野、森林及草地的花朵不一样的传粉方式。

谁是传粉者?

人们自然而然地要产生疑问:是谁来访问这些小花并传粉的?总得有谁来承担这个使命,否则欧细辛就不会开出这种形态的花朵。我们是不是可以猜测一下,应该是一些在地表上生活的小动物,比如蜘蛛、壁虱或者甲虫?这样就能轻松地解释为什么蝴蝶和熊蜂对欧细辛不感兴趣了。毕竟对它们来说,要想在层层树叶中开辟出一条通往花朵的道路,真的是太费劲了。那有可能是蜗牛吗?这个答案看上去并不离谱。印度的科学家已经证实,小蜗牛会爬到某些特定种类植物的花朵上偷吃花粉,并通过自身缓慢的蠕动把花粉传递到另一朵花上。对于甲虫来说,欧细辛的花朵并不是一个理想的选择,因为它们偏爱生长在开阔地带的容易接触的花朵。

但是长在地表上的花朵也并不一定是由爬行的动物来传粉,飞舞的昆虫也完全有可能从空中降落到地表的花朵上。圆

欧细辛 *(Asarum europaeum)*

"花朵的三个尖角在顶端是密闭的，因此只有通过缝隙才能够进入花朵的内部。"

叶珍珠草的黄色花朵同样紧贴在地面上，它们就是通过野蜂和苍蝇来传粉的。但是圆叶珍珠草生长在植物稀少的开阔地带，能够不受拘束地自由生长，此外它们的花朵也是开放的，易于接触。相较而言，欧细辛的花朵就显得非常"高冷"了。前面我已经提到，它们花朵的三个尖角折叠在一起，使得较为大型的昆虫很难进入花朵的内部。

但是也有一些飞虫受到了欧细辛花朵的吸引，它们就是稍显另类的菌蚊。

迷惑和欺骗

菌蚊在欧洲有1000多个种类。它们的脑袋比身体的中部要低一些，看上去就像驼背一样。如果没有这个特征，它们的外形就和普通的蚊子差不多。菌蚊喜欢生活在阴凉的地带，那里全年都非常潮湿。它们尤其喜欢停留在森林中长满青苔的地方或者溪流边潮湿的区域。有一些种类其实是穴居动物，不喜欢明亮的阳光，还有一些成群结队地出现在夏日温和的夜晚，这些基本上都是雄蚊。菌蚊的幼虫以菌类植物为食，因此而得名。在它们的食谱表上，一些剧毒的菌类也赫然在列。

现在我们继续讨论欧细辛。喜欢暗淡光线的蚊子几乎不会去拜访明亮阳光照射下的花朵，菌蚊本身也不喜欢这么做，因为它们对花粉和花蜜都不太感兴趣。

欧细辛则会通过一些类似菌类的独特气味来吸引菌蚊，只有这样，昆虫们才能真正发现其隐藏的花朵。它们其实是被欧细辛骗了，那根本不是蘑菇。当菌蚊爬进它们花朵内部转了一圈之后，才发现这种植物是如此陌生，尽管这里的气味很熟悉，但也只好不情愿地把花粉传递出去。更有趣的是，一些雌蚊还经常会在伪装的"蘑菇"上产卵，欧细辛可不关心这些日后长出的幼虫是否会饿肚子。

由此可见，欧细辛是德国植物区系中专门迷惑蝇类昆虫的特殊植物。从动物学的角度来看，菌蚊也是属于蝇类。在中欧，还没有其他显花植物具有这样独特的传粉机制。人们只有走到地中海边上或者去更遥远的地方，才会发现更多这种通过欺骗蝇虫实现传粉的植物，而且还不给予它们回报。在巴利阿里群岛和撒丁岛上，还生长着一种捕食苍蝇的水芋，它们凭借肉色的花朵和相应的气味来伪装成动物的尸骸，有一些上当的苍蝇也会在它们的花朵上产卵。

机智的马兜铃科

前面我已经谈到了，欧细辛所属的马兜铃科因其特别的花朵而闻名，这个科的植物在德国只有两个本地种：欧细辛和夹叶马兜铃。后者喜欢生长在葡萄园和温暖的斜坡上。它们黄色的花朵看上去就像小萨克斯管一样，其实就是引诱昆虫的陷阱。当小昆虫爬进花朵里面后，就再也无法沿着逆向的茸毛爬出来了。只有当隔了一段时间传粉完成之后（但愿这些昆虫能够把花粉带出来），茸毛开始枯萎，被困的昆虫才会被放出来。在希腊生长着一种引人注目的克里特马兜铃，它们的花朵是淡棕色的，内部长着的茂密茸毛非常显眼，花朵以相同的形态在地面上挺立着。谁知道又有哪个倒霉蛋会钻进去呢？

大多数的马兜铃属植物生长在中美洲和南美洲地区，其中有一类的花朵能够散发出菌类植物的气味，甚至还能在它硕大的花朵里，模仿出一朵菌伞。这就是木本马兜铃。它们生长在中美洲的热带雨林中，它们的花模仿的菌类简直能达到以假乱真的地步。

所以说，南美洲的马兜铃和欧洲的欧细辛都利用了同样的原理来吸引传粉者。

当欧细辛花谢了之后，其另一种与众不同的特征立即显现出来。这种特点给人一种感觉，那就是这种植物在进化历程中发展出一种喜欢"大宴宾客"的习性。它们的种子并非随随便便散播出去，而是通过蚂蚁来搬运。这一现象在德国植物区系中是很罕见的。绝大多数的显花植物有的是如同枫树那样借风力传播种子，有的是像很多乔木或灌木的浆果一样，由鸟类帮忙。通过蚂蚁传播种子是很罕见的，因为种子必须一直给蚂蚁提供某种东西才有可能实现。在欧细辛的种子上就粘有一种作为蚂蚁诱饵的组织，这对六条腿的小家伙来说可是一份"意外之喜"，其作用我想就不言而喻了。当然欧细辛的种子都比较轻，否则蚂蚁也无法搬动它们。蚂蚁会把种子连带其附属物搬进它们的巢穴，然后将可食用的组织撕碎，以便自己或者它们的幼虫吞食，而种子要么被作为垃圾清理出去，要么就被弃置在原地。欧细辛就通过这样的方式把种子传向了其他地方，哪怕只有其中少数几个发芽，这一切的努力也算没有白费。

从地上到地下

欧细辛的花朵是贴着地面生长的，那我们是否也可以大胆地猜想，有一种植物的花朵生长在地表之下呢？事实上在自然界没有做不到，只有想不到。在澳大利亚的西部就生长着一种奇异的兰花，名曰"地下兰"，它的一生都是在地下度过的。地下兰是一种寄生植物，类似于我们已经讲到过的列当属或者水晶兰属植物，它们无法进行光合作用。这种澳洲兰花会依赖一种真菌，并与一种灌木的根系共生。它们的花朵生长在地下，在地面下数厘米的地方开放，没有人在地表上看见过它们，但它们的花序依然壮丽，大概由50个白紫色的小兰花瓣簇拥在一起形成，周围环绕着白色娇嫩的小叶片。但是它们是通过什么方式来完成传粉呢？这还是一个谜。

接下来要介绍的这种植物，与欧细辛和这种澳洲兰花有着显著的区别。它们的花朵表面上看起来十分正常，实际上却有一个不为人知的特殊之处。

燃烧的花丛

白鲜
(Dictamnus albus)

6月的莱茵斯塔特

在位于图林根州的这个小村庄不远的地方有一座申贝格山,那里有着引人注目的峭壁和长满兰花的草地。我们的注意力却被一大片灌木丛吸引了,它们的高度大概在0.5~1米之间,开满了硕大的玫瑰红的花朵。有些人认为,白鲜的花朵是德国所有本地植物中最令人惊艳的,当然每个人的审美都不尽相同,但可以肯定的是,白鲜的确是一种独特的植物。只要它们占领了森林边缘的一大片区域并盛放出绚丽的花朵,将立即吸引所有人的眼球。它们的花瓣通过一个短茎锚定在花里面,和其他很多花的花瓣比较松动不同。五个花瓣,每个上面都有很多深紫红色的线条。长长的雄蕊也是玫瑰红色,刚开始还是向下伸展的,接着便以一个急转朝天仰望,在雄蕊的顶端还有一个厚厚的花粉囊。白鲜真是一种具有异国情调的优雅植物啊!

　　白鲜最喜欢生长在温暖稀疏的森林之中和贫瘠的土地之上，那里没有其他茂密的植物挤压它们的生存空间。白鲜主要出现在德国南部，因为北方对于它们来说太寒冷了。在世界范围内，白鲜还扩展到了亚洲地区。我第一次见到白鲜的时候，还是一名在参加阿尔萨斯哈尔德举办的一次植物学实习活动的学生。那是莱茵河谷法国境内的一片干燥稀疏的橡树林，地势平坦，生长着茂密的林下灌木丛。除了白鲜，在这里还可以见到天堂莲和兰花。

　　白鲜的特别之处不仅限于此。首先要提到的是它们在植物谱系中独特的地位，以及围绕在花丛周围令人兴奋的光晕。这两者也是相辅相成的。你可能想不到的是，到了果实成熟的时候，白鲜也会变得"名声在外"。这完全是字面意思，因为其蒴果成熟开裂的时候，会发出一声声清脆的声响。它们由五个相互连接的部分构成，在成熟后会逐渐干枯，因此缝隙处就会产生张力导致开裂，种子会被甩到1~2米远的地方。

含油的科

　　这种植物的气味浓烈，但是又很难加以描述，如同柠檬和肉桂气味的混合，可以说是非常刺鼻了。分泌这种芳香油的位置很容易就能找到。在它们的茎秆上尤其是顶部有许多黑色或深红色的小腺体，看上去就像人们得了某种皮肤病。当人们对着光线观察叶片的时候，可以发现上面有许多明亮的小斑点,那是叶片组织中积累的分泌物。此外叶片脉络上还长有许多腺毛,包括花朵上都有脂腺。很显然,芳香油对于白鲜来说是一种非常重要的物质。

这样的植物都属于芸香科,它们最显著的特点就是有着层次感丰富的花香。其实所有柑橘类的水果都属于芸香科,在德国,白鲜是本土植物中的唯一代表。尽管在德国一些地方也可以看到属于芸香科的芸香,但它们是来自地中海地区的药用植物的野化后代。

芸香科植物在全世界范围内有1500多种,大多数分布在亚热带和热带地区,尤其是在南美洲和澳大利亚数量众多。白鲜属植物只有白鲜一类,学名叫作"*Dictamnus albus*",这可以说是植物分类学中的一个特殊案例。大概四分之一的芸香科植物属都只有单一物种。

每一个植物都可以按照属和科来划分,比如许多特征相同的野玫瑰构成了蔷薇属,和其他的属在一起又构成了蔷薇科。这是人们创造的一种生物分类系统,目的是便于对生物的各种类群进行划分,同时反映出它们的进化历史。在不同分类单位中的物种数量具有非常大的差异,像蔷薇属和槭属就有数百个种类。白鲜会不会是一个曾经家族成员庞大的属的最后幸存者呢?我们也不得而知。

还有一个问题就是,谁为它们的花朵传粉呢?面对这样一种具有异国情调的光鲜夺目的植物,我们有理由期待会有一些不同寻常的传粉者,比如大蝴蝶。可是真相就有点让人失望了,白鲜在这一点上还是比较循规蹈矩的,主要依靠像蜜蜂和马蜂这样的膜翅目昆虫传粉。

芳香油

白鲜能够分泌出大量的芳香油。这是一种比较容易挥发的物质,与橄榄油和葵花油等油脂的性质有所不同。芳香油通常是由多种成分构成的,在白鲜分泌的芳香油中,科学家就发现了超过24种不同的物质。

芳香油在美容业和香水行业中大受欢迎,一些植物能够提供像玫瑰精油或者薰衣草精油这样的珍贵香油。但是白鲜的油并没有利用价值,因为里面含有有毒物质,尤其是含有刺激皮肤的成分和苦味素。传闻说,有人触摸了这种植物之后,不得不去找医生救治。这种油的成分能够导致接触性皮炎,使得皮肤起令人难以忍受的水泡。

由于其成分多样,白鲜早在中世纪的时候就成了一种药用植物,在各种观赏性园林和菜园子里随处可见。中世纪时期,德国神学家希尔德加德·冯·宾根(1098—1179)与德国主教、学者阿尔贝特·马格努斯(约1200—1280)都在其所著文献中提到了白鲜。这种植物的根对于治疗胃病有一定的疗效。

还有很多其他的植物科属也具有香气浓烈、富含芳香油的特点。在欧洲,唇形科植物就是如此,其中著名的代表有薰衣草、薄荷、迷迭香和百里香。在地中海地区，就生长着许多香气扑鼻的植物。民间传言说，科西嘉岛上有一种独特的植物香味。另外，位于澳大利亚的桃金娘科桉属植物同样也散发着强烈的香味。

我们不禁想问，植物分泌芳香油的意义何在呢？为什么在白鲜的叶片和其他器官上能够产生如此之多易挥发的物质呢？

抵御捕食者之道

在植物的进化史中，芳香油绝非毫无来历，它是由非常复杂的物质混合而成的。对植物来说，它具有某一种特定的功能，否则白鲜的叶片和花朵就不会有那么多分泌油脂的腺体。这些腺体作为高度特化的器官具有复杂的结构，如果不具有重要功能的话，它们就不可能在进化的历史中形成。

植物们经常要和一些啃咬它们根、茎、叶的"不速之客"进行持久的抗争，比如喜食植物的甲虫、毛毛虫、蜗牛以及地上的线虫等。如果虫害过于严重，植物就会死亡或是无法繁殖，因为它们无法孕育种子了。因此，它们必须采取反击措施保护自己。

芳香油就是防护机制之一，它们能败坏蜗牛的胃口，驱赶想啃食叶子的昆虫。芳香油成了植物全面防护的"长城"。这道防线不仅覆盖了叶子、茎秆和花朵，尚未成熟的果实也得到

白鲜 *(Dictamnus albus)*

"它们的花瓣通过一个短茎锚定在花里面,和其他很多花的花瓣比较松动不同。五个花瓣,每个上面都有很多深紫红色的线条。"

了有效保护。

为什么并不是所有的植物都具有这种保护油呢？这就又和植物家族有关了，我已经在关于海冬青的章节中论述过这一点。事实上，植物针对害虫具有多种防御机制，既包括生长茂密茸毛的物理方法，也包括分泌生物碱的化学手段（这种有毒物质存在于许多植物的茎叶之中，比如乌头和其他有毒植物）。白鲜分泌的芳香油则具有另外一种防御原理。

燃烧的花丛

和其他植物分泌的芳香油相比，白鲜的芳香油中含有一种相当特殊的物质，叫作"异戊二烯"。纯异戊二烯是透明、易燃、易挥发的液体。在植物中，异戊二烯是由一种叫作白鲜醚的化合物分解而来的，而且数量很大。异戊二烯赋予了白鲜一种特性，使之有了"燃烧花丛"的称号。人们能轻易点燃这种植物，确切地说是点燃环绕在白鲜周围的由异戊二烯构成的易燃烟雾。在炎热无风和阳光强烈的环境下，人们如果在白鲜旁边划燃一根火柴，就有一定概率看到转瞬即逝的火花。别担心，这样不会对植物造成伤害，即使人们什么都不做，它们也有可能发生自燃。别的植物也可能出现高含量的油脂和与此相关的易燃特性，比如桉树。桉树周围并不会出现易燃的气晕，但通过闪电或者人为的点火能在桉树林引发巨大的火灾，由于桉树含油量较高，火势会异常地迅猛。2017年6月，在葡萄牙爆发的森林大火之所以具有那么大的破坏性，就是因为那里大面积地种植了桉树。当然，不仅是葡萄牙，整个地中海地区都有桉树的身影。

《圣经》中曾出现"燃烧的荆棘"这一字眼，但是这指的并不是白鲜。白鲜身上既没有针，也没有刺。《圣经》中提及的这种植物，很有可能是属于桑寄生科的桑寄生。

我们下面要介绍的这种植物和白鲜形成了鲜明的对比，它们看上去毫不起眼，却自有独特之处。

面色苍白却很健康

松下兰
(Monotropa hypopitys)

6月埃尔巴赫区的福格特兰

埃尔斯特山脉丘陵起伏,森林茂密,是一个徒步旅行的绝佳去处。在一大片云杉木之间,我们的主角登场了,它们就像"幽灵"一样若隐若现,在德国民间被称作"缺叶草""错根草"或者"根吸管草",从这些名字就可以看出,它们是一种具有特殊属性的植物。

这些植物白色或淡黄色的茎常常从苔藓中伸出来,有大约一只手那么长,上部像手杖一样弯曲,通常是数根茎成队地出现。长长的花朵和茎的颜色相差不多,结成茂密的一簇向下低垂。人们不必费神去寻找它们的叶子,因为它们只有茎上生长一些数量极少的几乎透明的鳞片叶。

真是一种奇怪的植物。看着它们苍白的外形,人们立即就会产生一个疑问:松下兰是如何获取营养的?毫无疑问的是,它们与周围的绿色植物肯定有着截然不同的生存方式。这些绿色植物通过叶绿素充分吸取阳光的能量，以产生糖分，而松下兰并无叶绿素。但如果是这样的话，它又如何获取维持生命所必需的碳水化合物呢？毕竟它们自身是无法产生这种物质的。

寄生生物还是腐食者？

很长一段时间以来，松下兰一直吸引着植物学家和植物生理学家的注意力，人们对其神秘习性的研究可以追溯到大约200年前。在这段时间里，科学家们对于这种植物生活习性的研究观点几经改变。

在很长一段时间里，松下兰被当作所谓的腐生植物来看待，也就是说，它们生长在枯死的植物上并从中获取养分。另一些人则认为松下兰是寄生植物，它们的根与树木的根系相连接。其实这两种说法都是错误的，为了找到真相，人们还需要细致精密的研究方法。松下兰的生活方式与它的外观一样神秘，也足够复杂。

如今终于真相大白。松下兰寄生于一种真菌上，间接地吸收树木的养分，正是依赖于这种复杂的"三角关系"，它们才维持了自身的生存。松下兰以地底下横贯整个森林或者草地土壤的菌丝网络为根基。菌丝通过黏附或直接侵入植物的根系把它们相互连接了起来。大多数的植物都和菌根共生共存，这就是在植物界出现的一种共生现象：它们相互给予、相互依存，实现了互利共赢。真菌从植物身上获取了宝贵的碳水化合物，反过来又为植物提供了水分和营养盐分，它们相互之间就发生了这种营养物质的交换。事实上，生长在同一栖息环境中的不同植物都是通过真菌这个媒介组成了一个共生网络。一个树种上可以寄生许多菌类，某一个菌类也能够和多个树种连接在一起。其结果就是，在地底下悄无声息地构建起了一张极其复杂的网络，以及一条条在植物之间运送养分的"高速公路"。

真菌寄生植物

　　像松下兰这样的植物纷纷融入这个网络，并从中获利。它们的根系同样也被真菌包围，并由此和树木的根连接在了一起。松下兰的根深入地下0.5米左右，深深地嵌入了菌丝的密网之中。无数纤细的地下菌丝把松下兰的根系包围了起来，它们对于维系植物养分具有重要作用。但是松下兰自身却无法提供营养物质，没有叶绿素怎么可能呢？所以，这种营养物质的交换是单向的，也就是说，松下兰只会享用而不会奉献。所以，我们把它归为寄生植物。但是，它们寄生在谁的身上呢？真菌还是树木？要知道这些树木的根系也是和菌丝连接在一起的。这个问题很难解释清楚。但是有一点是可以肯定的，树木含有的有机物质能够通过菌丝传输给松下兰。

　　早在20世纪60年代，一位瑞典植物生理学家就证明了这一点。埃里克·比约克曼用放射性标记的葡萄糖在松下兰身上做实验，以弄清有机物质从树木传输到松下兰的路径。他把葡萄糖注入云杉的皮层组织，并且，在云杉的底部就生长有松下兰。随后，他等待了五天，仔细观察葡萄糖中的含碳物质是否能够找到通往寄生植物的通道。事实证明，它们做到了。由此证明，松下兰间接地汲取了树木的养分。

今天的生物学家将这类植物称为"菌异养植物"。所有的动物都具有异养行为，因为它们必须以其他生物作为食物来源。含有叶绿素的植物都是自养型植物。

松下兰的生存方式是比较复杂的，它们的营养来源也不是一目了然的。对于像蚊子这种令人憎恶的寄生者来说，它们吸取人类的血液，营养物质就从宿主传输到了寄生物上，这是一种简单明确的物质流动方式，但在松下兰身上，这一点就不是那么明确了，到底哪些物质分别从菌丝和树木流向了松下兰呢？可以说，地下菌根网络的物质流动是非常复杂的。人们在很长时间内都没有弄清楚森林土壤之下的菌丝网络的运作方式，只有一点可以确定：它们在当地的整个生态圈中扮演着至关重要的角色。

要想深入了解菌根的重要作用，就离不开松下兰这个理想的研究对象。英国植物学家马丁·比达尔托多甚至将其称为"菌根研究中的'斯芬克斯'[1]"。为什么偏偏是松下兰成了菌根

1　即狮身人面像，喻指谜一样的事物。

研究中的重要对象？这很可能只是一种偶然，因为其他植物也完全能够替代它的角色，毕竟不仅只有松下兰是依靠真菌获取其他植物的养分而生存的。

无叶绿素植物的颜色

松下兰和一些其他的植物种类在进化的过程中逐渐丧失了叶绿素，并过渡成为一种寄生植物。在山毛榉林中，生长着一种周身褐色的兰花，名曰"鸟巢兰"，尽管它们出现的频率很高，却很容易被忽视。它们也依靠一种菌类生存，并具有另一个特点：从生根发芽到开出第一朵花要花费九年的时间。作为寄生植物，想要立足似乎是很困难的。还有一种叫作"列当"的紫褐色的植物，人们经常把它误认为兰花，它们也是彻头彻尾的寄生植物。和松下兰、鸟巢兰不同的是，它们直接寄生在宿主的根系上，也就是说，在寄生物和宿主之间没有真菌这个媒介。

我在美国的加利福尼亚州还遇到过一种像松下兰这样的寄生植物典型代表。在内华达山脉西边广阔的松林中，生长着一种叫作"血晶兰"的植物。融雪期过后，人们在光秃秃的褐色的森林土壤上可以看到许多小红点，它们就是血晶兰。从粗壮的茎秆到花朵，整株植物都是红色的。它们通常作为单株植物从冷杉球果和地上树枝之间探出头来，有时候又成群结队地出现。血晶兰的学名为"*Sarcodes sanguinea*"，象征着其血红

松下兰 *(Monotropa hypopitys)*

"这些植物白色或淡黄色的茎常常从苔藓中伸出来,有大约一只手那么长,上部像手杖一样弯曲,通常是数根茎成队地出现。"

色的外表。

成为另类

谈到"寄生"这个词语,人们首先想到的是动物。毕竟寄生植物是很罕见的,在植物家族中算是另类。但是它们似乎象征着一种成功的生存方式,否则像松下兰这样的植物也不可能幸存至今。

从生态学的角度来看,寄生植物获取营养物质的方式经历了一次巨变:由自养转变为吸收其他生物的有机物质。由此它们产生了高度的依赖性,也就是说,寄生植物的兴衰存亡都和宿主绑在了一起。比如松下兰就寄生在一种连接多种植物的真菌上,以维持自身的生存。如果一棵树死亡了,它所有维持生命必需的物质就流向了松下兰的根系。

对于松下兰来说,这种寄生方式能够为它们带来一个意想不到的好处。由于它们没有叶片,并不依赖于太阳光,所以可以栖息在森林中的浓荫地带,几乎不受其他植物的干扰。于是它们苍白的茎秆不受拘束地茁壮成长,尽管没法接受阳光的照射,但这对于它们来说无关紧要。松下兰可以算是植物界的"人生赢家",因为它们分布的区域不仅包括欧洲,还包括亚洲、北美洲和中美洲的部分地区。从平坦的海岸地带到4300米的高海拔区域,都可以看到它们的身影。

在水中

开花的帆船

雪花草
(Hottonia palustris)

5月的诺伊尔法兰

在波茨坦法兰湖边上,有许多小型的静水湖泊、牛轭湖以及沼泽地,柳树的枝条倒垂在水面上,树干半浸在水中,周身爬满了苔藓。在稍远的地方,湖岸被芦苇包围着,柳枝、灌木和倒垂的树枝构成了一个纷杂的世界,让通往湖岸的道路变得举步维艰。凌乱的叶子、坠落的花瓣和一部分柳絮漂浮在湖水上,这几乎就是一个野外的世界,也成了蚊子们狂欢的乐园。湖岸的一侧是一片沼泽地,那里黑色的土壤渐渐地隐没在一片浅浅的湖泊中,水深只有0.5米。在这里,真正吸引我注意力的是一些在水面上突出的茎,上面布满了壮观的淡紫色花朵。走近一看,才发现它们是一些三色花朵:外面是淡紫色的,里面是白色的,中间则有一个黄色的五角星形状。这种植物就是盛开的雪花草[1]。芦花和睡莲无人不知,但是雪花草呢? 它的另外一个名字或许能让人更好地认识它:水中报春花。顾名思义,这就是一种在水中生长的报春花科植物,其花朵也和报春花非常相像,但是其他部位的结构就大不相同了。为了能长期在水中生活,它们形成了与陆生植物不同的组织结构。在详细介绍雪花草的特点之前,我想多谈一谈"水生环境"这个概念。

在水中生活

水陆之别犹如日夜之差一样分明。这是两种截然不同的生存空间,只有在很狭窄的区域才存在着交集。陆地暴露在空气中,而水中为液体环绕。如果我们人类想长时间在水下逗留,就必须借助一些包括氧气瓶在内的潜水设备。因为我们并不能够像鱼类那样,从水中获取维持生命必需的氧气。有机体要想在水下生存,就必须具备和在陆地上完全不一样的特性。

这同样适用于水生植物。它们和其他植物一样,也需要二氧化碳以及少量的氧气。那它们是如何接触到水中气体的呢? 作为依赖于太阳光的生命,水生植物必须停留在一片水域顶部明亮的区域,并且不能下沉。这对于在水中自由漂浮的植物来说尤其重要。为了实现这一点,它们就得借助浮力,此外

1　中文正式名为水堇。德语俗名为 Wasserfeder,可直译为"泉水",指出了它的常见生境。部分译者根据其花朵的形态称之为"雪花草",并无植物学方面的含义。

还要解决营养物质的摄入问题，因为在水中根系是发挥不了作用的。有时候一片水域可能像河流的支流一样平静，但有时也可能被汹涌的洪水淹没，后者给水生植物的生存带来了严重威胁。因此，雪花草更喜欢待在平静的浅水中。

在全世界大约35万种不同的显花植物中，水生植物占的比例大概只有2%，数量在700种左右。这个微小的比例不禁让人心生猜测，在水中生存绝对不是那么轻松的，至少和在陆地上比较起来，绝对不占什么优势。然而这只是一种猜测。事实是，水生植物的科属划分非常多样，相互之间也没有关联。从陆地迁居到水中的这一过程，是在显花植物进化历史中分多批次且独立完成的。由此，水生植物产生了完全不同的生长形态和变异。

所有的水生植物都来源于陆生植物，因为第一批显花植物就诞生在陆地上。那是在1.4亿年前的白垩纪初期。研究学者一致认为，水生植物多样化的生存方式在很早以前就形成了。所有水生植物都是对水域的二次占领，因为所有植物有机体都是起源于海洋之中，然后占领了陆地。这就如同海豚、鲸和其他海洋哺乳动物一样，它们的祖先就来自陆地。和它们不同的是，许多水生植物完全改变了自身的生理结构，从水中而不是从空气中获取氧气和二氧化碳。这就好比鲸进化出了鳃，但其实它是借助肺部进行呼吸的。

事实上，水生植物具有一套属于自己的独特生存系统。接下来，让我们再进一步仔细地研究雪花草吧。

雪花草——双面体

我之所以对雪花草特别关注，是因为它们实在太与众不同了。它们身体的下半部适应了在水中生活，而上半部却和陆地上的植物几乎没有差别——一个独特的双面体。它们的花朵显露在空气中，像许多陆生植物一样借助昆虫传粉，茎秆的底部则完全沉没在水中。它们的叶子紧贴着水面，在莲座叶的中间立着茎秆。从叶子的外观形态就可以看出，这是一种水生植物。

它们的叶子就像梳子一样，被切分成了无数个狭长的片段。这种细分的叶子在狐尾藻或白花水毛茛等水生植物上经常可以看到，表明了它们为适应水生环境所做出的彻底改变。和陆生植物一样，水生植物同样需要维持生命所需的气体，也就是所谓的氧气和二氧化碳。两者都能够溶解在水中，但是想要获取它们却不是那么容易的。为此，植物需要有足够大的表面积，以通过扩散实现气体交换。如果把叶子切分成许多个小片段的话，就能实现表面积的最大化。我们借助一个木板就能够验证这一原理的有效性。假设现在有一个边长10厘米的正方形木板放在你的面前，同时它的厚度也有1厘米。通过一些简单的计算并加上各个侧面的面积，你就能够算出整个木板的表面积是240平方厘米。现在把这个小木板锯成10段，每段

雪花草 *(Hottonia palustris)*

"走近一看，才发现它们是一些三色花朵：外面是淡紫色的，里面是白色的，中间则有一个黄色的五角星形状。"

1厘米宽，那么这10段的表面积加起来是多少？是的，答案是420平方厘米，表面积大大地增加了。但是体积是没有改变的，也就是说，对木材的消耗没有变。至于切割产生的锯屑的损耗，在此是可以忽略不计的。

通过切分实现表面积的增大，这在自然界是随处可见的现象，甚至在所有生物机体组织上都有显现。无论是肺泡、鳃或者雪花草的叶子，它们都与周围的环境进行着有效的气体交换。和在空气中相比，在水环境中可以更容易通过切分叶子实现表面积的增大，因为植物并不用担心干枯的风险。如果桦树也像雪花草这样分割成许多片叶子的话，很快就会丧失水分，迅速地枯萎。

如何获取浮力

雪花草和许多其他水生植物都会在阳光明媚的水面上舒展开来。雪花草轻薄的莲座叶借助浮力漂浮在水面上。在雪花草中，这些实际上是许多穿过草茎的纤细的富含空气的小管子，它们甚至还穿过了叶片的主叶脉。这些含有空气的管道也穿过了叶片的主脉，因此雪花草的叶子始终都能够接受到阳光的照射。大多数水生植物都具有这种通气组织，这种组织也能够让植物沉没在水下的部分获取氧气，避免腐坏。许多显花植物就没有气囊这个器官，它在许多海藻身上都是很常见的，比如泡叶藻。泡叶藻叶片上向外翻的空气充盈的气囊也是为了给自身提供浮力，以让其狭长的叶子往水面上浮升。

多样化的解决方案

　　显花植物具有多种生长形态。像香蒲和芦苇这样的水生植物就和陆生植物类似，也是在空气中进行气体交换，所以它们是两栖植物。许多以芦苇为代表的植物都能够在陆地上生存，只要土壤足够湿润。它们的外观与陆生植物非常相似，但是它们并不像雪花草那样，为了适应水环境对自身进行了较大幅度的改造。

　　对于像睡莲这样的浮叶植物来说，情况就很不一样了，我在接下来的章节还会对此详细介绍。它们的叶子在水面铺展开来，同样也在空气中进行气体交换，但是在进化的过程中，它们需要额外克服一个技术性难题，没人能一眼看出睡莲的这个难题。陆生植物都是通过叶子上细小的孔洞——气孔进行气体交换的。大多数的气孔位于叶子的背面，这样就能够避免遭受强烈的阳光照射和雨水的侵袭。在1平方毫米的叶片上，就可能有上百个气孔。如果某一种植物在进化的过程中想变成水生植物，发育出浮叶，就必须将其叶片的构造翻转过来。气孔的位置必须位于叶片的上表面，因为在下表面的话是没有任何意义的。除非睡莲叶子的背面直接浮在水面上，否则气孔总是会被堵塞。所以，浮叶植物的气孔都位于叶片朝上的一面。我们并不清楚气孔的位置是如何完成转换的，也许浮叶的产生类似于企鹅的翅膀退化成了鱼鳍的形状。

其他完全沉入水面下的水生植物又有所不同。狐尾藻、加拿大伊乐藻及眼子菜一生都生活在水中，它们长在露出水面的纤细茎秆上的花朵让人联想到陆生植物。只有极少数显花植物的花朵是沉没在水中的。在第一章中，人们已经认识了这种植物，也就是大叶藻。在淡水中，还生长着一种在水下开花的植物，叫作"金鱼藻"。

美洲姐妹

金鱼藻属只有两个种，其中雪花草的姐妹生长在北美洲东部，叫作"赫顿草"。它们给人的印象完全不同，因为它们的多个茎秆都能开花。和本地的雪花草比起来，它们的叶子要小得多，并不那么显眼，真正吸引人注意力的是它们粗壮且膨胀的茎秆。人们或许可以这样认为，雪花草在美洲进一步改变了自身的形态，在充满无限可能性的陆地上进化出了一个"救生衣"，因为它们的茎秆是由充满空气的组织构成的。

雪花草是唯一一种在水中栖息，并进化出相应叶片的报春花科植物。当然还有一些禾本科植物，尽管它们不一定和水产生联系，但我们在湖岸边经常能看到这一类植物的身影。

喜爱群居的禾草

芦苇
(Phragmites australis)

7月的库黑尔米斯

　　梅克伦堡－前波美拉尼亚州被誉为"千湖之州"，也常常被称作"芦苇之州"。在德国，没有哪个地方像这里一样，有如此之多的芦苇。芦苇作为中欧最大的禾草，几乎人人皆知，通常在平静的或者缓慢流动的水域边，都会有一片茂密的芦苇丛。但是，为什么芦苇曾在一本书中被列入"最独特的野生植物"之列呢？对于水鸟和我们人类来说，芦苇在多个方面都是非常有益的。它们真的有这么神奇吗？是的，接下来我们就会看到它们的神奇之处。

　　首先是芦苇的体型。其发达的根状茎尽管是空心的，但是有着十分坚硬的外壳。芦苇的高度在1~4米之间，这是德国草本植物的纪录。芦花穗可以长达30厘米，而叶片有1米长。事实上，芦苇是德国本地最大的禾草。

　　芦苇生长在水深只有0.5米左右的浅滩水域或者泥泞的低

位沼泽、河滩林等地带。由于在高盐度的水域也能够生存，所以我们在海滩边也可以看到它们的身影。芦苇在德语中也被称作"苇管子""瑞德草"或者"瑞特草"，是一位环游世界的浪子和实实在在的世界种。它们分布的区域遍布整个欧洲、亚洲、美洲及澳大利亚，但是唯独没在热带安家。在西藏和南美洲的安第斯山脉地区，它们生长在海拔3000米的地带。

芦苇的生物特性相当特殊，这一特性也是大多数动物所缺乏的，那就是克隆的能力。所以，芦苇总是成群结队地大面积出现。

自然形成的单一作物园

芦苇滩上往往只能看到一片芦苇，这其实就是自然形成的单一作物园。或许我们将其形容为"纯林"更为贴切，正如玉米地那样，不过玉米是生长在人们耕作种植的田地里，而芦苇的纯林与人工完全无关。由单一植物构成的天然纯林是非常罕见的，这似乎违背了自然的多样性法则，也不利于生物多样性的发展。

但实际上，却有那么一些植物倾向于构建一片属于自己的纯林。这类植物除了芦苇以外，还有香蒲和灯芯草，它们都是生长在河岸边的植物。浮萍也会在整个水面上覆盖一层薄毯，全部是由单一物种构成。当然，我们还不得不提及诺尔登地区的云杉林。如果我们只观察树木而忽略地表上的其他植物的

芦苇 *(Phragmites australis)*

"芦苇作为中欧最大的禾草,几乎人人皆知,通常在平静的或者缓慢流动的水域边,都会有一片茂密的芦苇丛。"

话，那么云杉林也是由单一树种构成的纯林。

芦苇构建纯林的"法宝"，就是在地面上绵延且直达水中的匍匐茎。事实上，芦苇大部分的生物量都隐藏在根系和匍匐茎之中。匍匐茎能够长达20米，每年春天还会继续萌发新的分蘖。但是这些新生的茎最多也只能挺过一个夏天，在秋天和冬天就枯死了。与之相反的，匍匐茎能够熬过严冬，所以某一单株芦苇的岁数可能非常大。人们如果在春天坐在芦苇边上，差不多就可以观察到芦苇丛是怎么迅速扩张的。去年已经枯死的褐色的芦苇管还直挺挺地立在那里，但是在它们之间正萌生着新绿。在面向广阔水域的最前沿，新的茎已经在生长，但仍略显孤单，因为那里没有去年"先辈"的引领。它们是在匍匐茎上长出来的开路"先锋"，为整个芦苇丛开辟着新的领地。

芦苇与克隆

匍匐茎是无性繁殖的一种表现形式，草莓就是一个例子，它们不需要种子和发芽就能长出新的茎。无性繁殖完全就是一种自我克隆的方式，因为所有草茎都通过生长来进行自我繁殖，每个个体的遗传信息都完全一致，这在植物界是一种普遍现象。而对于芦苇来说，无性繁殖为它们带来了巨大的益处：借助长长的匍匐茎，它们可以四处蔓延。芦苇还有另外一套生长机制：被风刮倒在地面上或者没入水中的芦苇管能自己生根，长出新的草茎。整株植物训练有素，只为了占领更为广阔的生存空间。但是芦苇也和其他所有植物一样，也会产生种子，而且数量可观。这些种子在风中飘散或者在水中传播，进一步扩大了芦苇的领地。但是在一片已经形成已久的芦苇丛中，这些种子对于繁殖后代几乎起不到什么作用。

在观察一片芦苇丛的时候，我们察觉不到它们在遗传上的一致性。通常来说，一片芦苇丛是由某一单个粗壮的芦苇管克隆而来的，也就是草茎不断地进行无性繁殖。在其他一些地方，则主要依靠少数几个克隆体。这种无性繁殖可能是在过去某一时刻从一粒种子开始的，也可能是从某一根具有无数茎的芦苇开始的。

由于无性繁殖是一个发育过程，所以理论上它是可以持续任意长时间的。如果一根新发芽的芦苇在出生地成功立足，就会开始生长第一批茎和匍匐茎，随后正式开启不断扩张的"征程"。据说在多瑙河三角洲出现过有8000多年历史的克隆芦苇，由此可见，无性繁殖的芦苇数量和规模都是非常惊人的，它们可能包括了数千根茎。

沧海变桑田

芦苇是一种使水域"陆地化"的植物的极好代表。这里的"陆地化"并不是一个与"城市化"相对立的概念，而是说芦苇管脚下的土地会被逐渐地抽干水分。这和前面提到的"生态系统工程师"（滨草）有异曲同工之妙。芦苇能够集聚淤泥，这些淤泥从湖泊中溢出到芦苇带，黏附在它们的根系和匍匐茎上面。已经枯死的芦苇管也填充了它们脚下的空间，就渐渐地形成了一片新的陆地。

芦苇对地形的改造是潜移默化的，所以人们难以察觉到这种变化。生物学家将一片湖泊转变为陆地的过程形容为"演替"，这是一种因植被的组成而渐渐发生改变的重要进程，并非气候这样的外界因素对其产生的影响。仅依靠植物自身的生长和演变，就能够实现生态环境的改天换地。芦苇带的形成也仅是一片湖泊转变为一块陆地过程中的一个阶段而已，当湖泊逐渐被填充起来之后，在它的边缘会出现越来越多的树木，最终河滩林就会取代芦苇的地位。完成整个过程需要上万年的时间。施塔恩贝格湖就存在了15000年之久，至今都还没有完全转化为陆地。

芦苇带：重要的栖息地

对于鸟类爱好者来说，芦苇滩真的是一个无穷的宝藏。在这里生活着一些珍禽，比如大麻鳽、水蒲苇莺、芦鹀和鸺。在德语中，这些鸟的名字都带有"Rohr"[2]这个词根。鸺喜欢停留在两根芦苇管之上，看上去它们的双腿就像体操运动员在做劈叉一样。像白头鹞这样的猛禽，也会在广阔的芦苇丛中产卵。在多瑙河河谷低地，鸟类学家观察到了100多种不同的鸟

---

2 "Rohr"在德语中有"芦苇"之意。

类。不仅是鸟类，芦苇带也为鱼类、两栖动物、昆虫和其他节肢动物提供了栖息之所和食物来源。因此，生活在芦苇带中的物种极其丰富，只有从植物学的角度来看，它们才算作一片"纯林"。其生物多样性很大程度上依赖于这里陆地和水域的交融。无论是在陆地上还是在水中生存，动物们都可以在芦苇丛中找到自己的安身之所。因此芦苇带成了各种动物聚集的"大家园"，其中大多数的动物我们甚至都没有见过。在宁静的水域可以看见苔藓虫和水螅趴在芦苇管上，其间还活动着一些线虫、涡虫、小型的甲壳纲动物，此外还有蜗牛和贝壳的幼虫。即使是鱼类，在这片充满生机的茂密芦苇丛中也感到十分惬意，因为在这里它们不仅可以得到最好的保护，还能寻觅到丰富的食物。很多淡水鱼都把芦苇丛作为自己的繁殖场所。

除了鸟类和小型的哺乳动物，在芦苇丛中还生活着一些昆虫及其他节肢类动物。一些物种甚至完全依赖于芦苇的存在，也就是说离开了芦苇就无法生存下去，其中就包括芦苇介壳虫，它们以芦苇汁为生并栖息在芦苇叶的背面。中空的芦苇管为芦苇夜蛾和芦苇卷夜蛾的幼虫提供了生存空间。有一类蜘蛛也喜欢栖息在这里，它们就是芦苇蜘蛛。芦苇蜘蛛以掠食其他小昆虫为生，正是看上了芦苇丛中昆虫繁多的好处。它们在追捕猎物的时候，会快速奔跑甚至纵身一跃，真是威风十足的猎人啊！

因此，芦苇丛是值得善加保护的极其宝贵的生态空间。芦苇在一些湖泊边占据的大量地盘为维护生态平衡做出了不可估量的贡献。除了维持生物多样性,芦苇还能实现两个额外的重要功能:河岸防护和水净化。一方面芦苇能够减轻或减缓水体对河湾及湖岸的侵蚀;另一方面芦苇丛又像一块巨大的海绵一样,吸收陆地上河流和小溪冲刷过来的富含营养物质的沉积物。此外,芦苇还能降低水体中的含氮量。

　　但是,芦苇在许多地方的日子过得十分艰难。它们的数量越来越少,面积也不断在缩减。

芦苇正在逐渐死亡吗?

　　早在20世纪五六十年代,生物学家就表达了对德国和瑞士许多水域的芦苇数量减少现象的忧虑。近几十年来,专家学者们对这一现象开展了深入研究,并对有关情况进行了详细的记录和分析,比如比较芦苇带的新老照片。在柏林和勃兰登堡州的哈弗尔河边,芦苇数量在1962年至1987年间减少了大约70%。几乎在同一时间,博登湖边上的芦苇带也遭受了重创。在石勒苏益格–荷尔斯泰因州的普伦湖,专家们甚至发现这里的芦苇在1956年至2006年之间减少了大约98%。

　　原因是什么呢? 生物学家们一致认为,导致这一现象发生的原因是非常复杂的。

　　最重要的一个方面就是,河岸改造、开荒、牛马等动物啃食、修筑小桥、建设游泳场等带来的直接破坏。另一方面,是水体富营养化导致的污染,罪魁祸首是氮和磷。水污染这个问题时至今日依然存在着,尽管自20世纪90年代以来,许多湖泊的水质已经得到了显著改善。水中营养元素含量的激增导致了藻类在水面上的大量繁殖,阻遏了芦苇的正常生长。

还有一些其他的原因同样也给芦苇带来了危害。海狸鼠和麝鼠等食草动物的引入和泛滥,对芦苇造成了巨大的破坏。灰雁和天鹅的大量繁殖,对于芦苇来说也是巨大的威胁。

此外,像水位调整这样的微妙变化也是芦苇数量减少的诱因。芦苇管有时还会因受到强风、巨大的水波、航船、漂木以及大块浮冰的影响而折断。这就为芦苇的繁殖造成了巨大风险。因为水流会涌进折断的芦苇管内部,从而弥漫到整个芦苇丛的脚底下,降低空气的流通率,最终它们面临的命运就是腐烂。

以上所述都表明,我们的确得为芦苇的命运担忧。如今在许多地方都开始开辟新的芦苇林,人们还在水中竖起篱笆以保护现有的芦苇带。

水中艺术品

欧菱
(Trapa natans)

9月的阿波雷斯多夫

在位于易北河中部的生物圈保护区的卡森湖附近,我们遇见了一种长相奇特的水生植物——菱角。欧菱的叶子平铺在水面上,看上去就像睡莲一样,但是要小得多,而且形状是菱形的。在临近秋天时,它们又被染成了一片红色。它们的边缘呈现出明显的锯齿状,膨胀的叶柄就像一个气囊,让叶子可以漂浮在水面上而不沉下去。花开的时候,在莲座状菱盘的中央会长出小小的白色花朵。它们的叶子在水中的排列形状是最引人注目的:许多对称的莲座叶组合在一起,就像一位灵巧的工匠创作的艺术品一样。每一个莲座状菱盘由大约30片叶子组成,在水面铺散开来。它们都从同一个深达水底的根茎上发育出来,根茎上还会长出沉水叶,就像雪花草细分的小叶片一样。

欧菱是一种不寻常的水生植物。说到这儿,我就不得不提一下它们的生命周期了。它们属于一年生植物,在水生植物中绝对是另类。大多数在水中生长的植物的生命力都很顽强,能够挺过寒冷的冬天，并在春天重新发芽开启新的生命旅程。但是欧菱在秋天的时候就全部死亡了，下一代要在春天的时候从种子中重新孕育。在生长的过程中，它们可能会从侧面长出新的茎，其末端同样也会生出莲座叶。有时候一个欧菱就可能含有多个菱盘——一个大的位居中央，周围环绕着数个小的子菱盘。

菱角的分布区域遍布整个欧亚大陆以及非洲的部分地区。在中国，它甚至能在海拔2700米的地区出现。而在中欧，菱角变得日益罕见，被列入了《世界自然保护联盟红色名录》。在德国，菱角就不太受欢迎了，因为人们认为它对生态圈是一个重大威胁。一方面它能够让许多湿地干涸；另一方面它对生长环境的要求相当严苛，比如较好的水质和适宜的温度。在发源于莱茵河和易北河的牛轭湖地区，最容易见到欧菱的身影。

像锚一样的果实

看到菱角的德语名字[3]，人们就不由得对它的果实感到好奇，因为它们实在是太奇特了，看上去就像用铁铸成的，新鲜的果实呈现出褐绿色，较老的则是深褐色或黑色。每一颗果实都具有3~4个尖尖的倒刺，其中一侧中央部位有一个圆形的封闭口，胚芽就从这里长出来。和花朵相比，它们坚硬的果实明显要大得多，直径可达4厘米。菱角的果实看上去还真不像是地球上的产物。

3　德语欧菱的名字为"Wassernuss"，意为"水上的坚果"。——译者注

它们的花朵漂浮在水面上，果实却是在水下成熟的。也就是说，在这两种生命介质之间存在着一种轮替，这一过程是在花朵凋谢之后才开始的。新鲜的果实能够在水面上漂浮一段时间，并借助水流的力量实现扩散。一些较为古老的植物学书籍曾写到，菱角的果实也能够通过攀附在鸟类的翅膀上传播。但是考虑到果实的体积和重量，人们很难想象这是怎么做到的。最后，果实会沉入湖底，就像一艘船的锚沉入水底的淤泥中一样。果实在秋季成熟，随后会静静地待在湖底挺过寒冬。菱角的这一策略十足精明，因为在湖底，水流并不会像在湖面上一样冻成冰（如果冬天的气温足够低的话）。湖底的水温要比湖面的高，许多鱼类也利用了这一点来度过寒冷的季节。当到了春季，气温再度升高的时候，果实就会发芽长出新的茎秆，新的叶片和花朵也会迅速发育，长出水面。在整个生命周期中，菱角会在水面上和水底下交替地待上几个月，它们可以生长到水下大概3米的深度。有时候，它们能够在几年的时间里一直以种子的形态存在，因为在12年的时间内，种子都是具有发育能力的。

石器时代的植物

菱角的种子是可以食用的。在其坚硬的外壳之下，隐藏着一个白色的核，其淀粉含量大约占50%。考古学家发现，菱角的果实早在新石器时代和青铜器时代就成了一种重要的食物来源。这在上施瓦本地区费德湖附近的一些史前时代人类居

欧菱 *(Trapa natans)*

"欧菱的叶子平铺在水面上，看上去就像睡莲一样，但是要小得多，而且形状是菱形的。"

住地遗迹中的发现能够证明。考古学家认为，在当时居民受困或者庄稼歉收的时候，菱角就成了一种重要的食物来源，帮助他们维持生存。当时，人类也很有可能专门储备了菱角作为食物来源。研究者经常发现一些烧焦了的菱角的外壳，证明菱角果实在被食用之前曾在火中烧烤过。这种榛子大小的果核在烧烤过后，尝起来就像栗子一样。鉴于菱角对于石器时代人类的重要性，当时的人类很可能促进了这种植物的传播，并把它们带到了湖中，甚至可能把它们作为一种专门的农作物进行了栽培和繁育。

如今菱角已经变得非常稀少了，它们的数量可能在19世纪和20世纪的时候就已急剧下降。导致这一现象的最重要的原因就是许多湖泊和湿地的干涸以及水质的恶化。菱角对生长环境的要求非常苛刻，并不是任意一个湖泊就能成为它们的家园。湖底营养物质须较为丰富，但是碳酸钙含量须较低。春天的时候，湖水再次变得温暖，为种子发芽创造了条件。因此，在德国自然生长的菱角通常出现在较浅的水域。

直到19世纪，菱角仍然作为一种商品出现在阿尔萨斯大区的集市上。如今只有在亚洲地区它还在被当作营养食物。

在新大陆

许多国家的植物园都栽培了菱角，比如在作为室外设施的池塘中，就能经常看到它们的身影。这不足为奇，因为这样一种不同寻常的水生植物，值得在所有的地方加以展示。大约在1870年，菱角来到了北美洲。到底是谁又是出于什么目的把它带到了这里，目前尚不明确。总之，1897年的时候，菱角就出现在了马萨诸塞州剑桥市的植物园中，分布在园区内的多个小湖泊里面。可惜这并不是一个好主意，因为不久之后菱角就走上了快速自我繁殖和扩张的道路。这听起来似乎有一点讽刺，在德国罕见的植物到北美洲却成了一种四处蔓延的杂草。直到今天，那里的人们都在与之艰难地抗争。在美国东部地区的一些湖泊和河流里，菱角真正成了一种祸患，它们繁殖的速度十分之快，以至它们的叶子覆盖了整个水面。这不仅阻碍了船只的航行，也破坏了当地的生态环境，因为它们的疯狂生长，威胁到了其他水生植物和动物的生存空间。事实上，菱角的野蛮生长所带来的生态影响是巨大的。它们层层叠叠的叶片阻碍了阳光照射到湖底，使得其他植物难以正常生长。由于所有的菱角都会在秋季死亡，因此大量生物量的菱角最终都腐烂了。这又间接导致水中氧气含量不足，极端情况下还会导致鱼类死亡。在美洲水域，菱角是个实实在在的不速之客，它们奇异的特征在当地是独一无二的。

艰难的控制

考虑到菱角的负面影响，它们在许多水域都受到了人为的控制。这是一个艰难的冒险行为。在蒙特利尔南边与佛蒙特州和纽约州的交界处，有一座巨大的内陆湖，即尚普兰湖，比博登湖的两倍还要大。在这里，菱角也泛滥成灾。在1982年至2011年之间，当地有关部门与这种杂草进行了艰苦的抗争。工作人员乘坐特殊的船只在水面上进行打捞清理，在河岸附近，用长长的耙把菱角拖走。整场行动花费的费用达到1000万美元。尽管人们通过这种方式的确大大减少了菱角的数量，但是要说彻底摆脱它们，还是言之过早了。因此，美国东北部的人们对河流和湖泊中的菱角严密监控，以便及时介入遏制它们的疯长。

为什么菱角在美洲大陆的繁殖如此难以遏制，而在德国却成了一种受保护的植物？这个问题很不好回答。生物学家在其他外来植物中也发现，它们在异地能够产生更多的种子，从而以更快的速度进行繁殖。生物学家认为，缺少天敌是菱角在北美迅速扩张的最重要原因。在它们的自然发源地是存在着天敌的威胁的，比如昆虫的幼虫和一些喜食菱角的甲虫。同时，菱角也是水鸟喜爱的食物。

菱角在北美的故事让我们想到了生长在德国北海和波罗的海附近的玫瑰。从它们两者身上，我们可以了解到移栽植物可能会带来的后果。人们出于好意移栽的植物，可能会成为当地可怕的幽灵。如今，这样的例子可以说是层出不穷，而且不只发生在植物身上。

在德国的复兴

令人难以置信的事实是：菱角在德国已经处于濒临灭绝的境地。其中的原因非常复杂，显而易见的几个原因是水体污染、春季的洪水和夏季的低水位。饥饿的水鸟也成了菱角数量减少的重要原因，天鹅的啃食就对菱角造成了巨大的损害。

在卡尔斯鲁厄的莱茵瑙恩，生物学家通过一项浩大的自然保护工程让菱角重新恢复了生机。该项目在2004年到2009年间得到了欧盟的资助，景观生态学家埃哈德·伯伦德和他的同事是该项目的主要负责人。他们在莱茵瑙恩的多个地方把用结构钢制成的保护笼放入水中，每个保护笼宽120厘米，专门用于防止贪婪的水鸟啄食菱角。在现有菱角的基础上，生物学家收集了足够多的果实，并把它们放入了保护笼中。这样，菱角的幼苗就可以无忧无虑地生长了。尽管科学家们的努力取得了一定成果，但是水鸟啄食菱角的问题仍然存在。菱角在卡森湖和易北河中部地区的数量的日渐恢复，则得益于人们的重新种植。在当地，这一补救措施取得了圆满成功，菱角覆盖的区域越来越大，生长势头同样喜人。

接下来要介绍的这种植物，有着完全不同的和水打交道的方式，因为它们具有改头换面的神奇本领。

带有"雅努斯面孔"的植物

白花水毛茛
(*Ranunculus aquatilis*)

8月的塔普

石勒苏益格－荷尔斯泰因州是公认的水生植物的天堂,雪花草、浮萍和睡莲等植物在这里随处可见。在一些水渠和流动缓慢的小溪里面,生长着一种奇特的植物,人们完全可以用"变化多端"来形容它们,这就是白花水毛茛[4]。它们喜欢生活在营养物质丰富的水体中,并深深地扎根于淤泥之中,可以长到2米的高度。因此,它们的茎秆能够始终贴近水面。白花水毛茛开花的时候,短短的叶柄会在水面上探出头,末端立有白色的花朵。这清晰地表明了白花水毛茛属于毛茛科植物。毛茛属植物大多数都生长在陆地上,只有白花水毛茛是一个例外。毛茛属植物种类多样,形态各异,仅在德国大约就有35种。

4　德语俗名为"Gewöhnlicher Wasserhahnenfuß",可直译为"普通水毛茛",与它们的英文俗名之一"common water-crowfoot"相同。白花水毛茛拟名来自其另一个英文俗称"white water-crowfoot"。

真正吸引我注意的其实是它们的叶子。白花水毛茛叶子形态的多样可以说是冠绝植物界。人们有一种印象,似乎白花水毛茛的叶子总是根据周围环境的情况而不断变换着样貌。这背后是不是有一套独特的运行机制?

人们只要稍微对这种植物进行一番研究,就会立刻被它们五花八门的叶片形态吸引。如果把它们并排放在一张纸上,没有人会相信它们是由同一株植物所生。白花水毛茛叶子的形态其实受到其生长环境的影响:在水里和暴露在空气中是完全不一样的。其水下的叶子被分割成了丝状,整个叶片表面也随之被分散割裂。雪花草利用的扩大表面积的原理在这里再次起了作用。还有些叶子漂浮在水面上,一面暴露在空气中,就是所谓的"浮叶"。浮叶通常是圆形、扁平状的,边缘有裂片。有时候,这种植物也能长出特殊的类似陆地上植物的叶子,立在空气中,边缘有很深的切口。此外,它们的花茎也呈现出各种不同的过渡形态,为这整套复杂机制又添加了浓墨重彩的一笔。

环境决定外貌

植物学家将这种现象称为"异形叶性"。在每一门植物学的入门讲座中,白花水毛茛都是一个绕不开的研究话题,因为只有通过研究它们,才能阐释这种对植物生长非常重要的现象。我指的是环境对整株植物或者其某一器官外形的影响,这种影响在白花水毛茛身上表现得尤其明显。接下来，我还会对此详细阐述。

有机组织的形态本质上而言是由基因决定的。基因中包含有组织结构的"施工图"，从而决定了有机体的外貌，无论是植物、菌类还是动物，都是如此。因此，樱花树会开出五片白色的花瓣，连翘却会生出四片黄色的花瓣。一片叶子的形状和大小，甚至从根本上来说整个植物的形态，都早已在其基因中编写好了。

但是还有几点需要强调一下。在落实基因"施工图"的过程中，其实存在着很大的灵活空间。这些规则不一定要严格遵守，根据不同的情况可以发生相应的改变，而其改变的程度在不同的器官上也不一致。比如在花瓣的大小和数量上，发生改变的概率就很低甚至没有，连翘的花朵就只有四片黄色的花瓣。叶片的数量和茎秆的大小，则会根据不同的生长环境发生很大的改变。植物就是这样做到的！凡是有过花园栽培经验的人都知道，通过施肥能够让植物的体型变得更大，比生长在贫瘠土地上的要旺盛得多。这种灵活性，对于像植物这样紧密依赖于生长环境的有机体来说极其重要。因为植物可以由此来进行自我调整，以适应周围的自然环境，尽可能地趋利避害，实现快速地生长。因此，某一株植物的外在表现形式一方面是由基因决定的，另一方面又深深地打上了生长环境的烙印。

白花水毛茛淋漓尽致地显示出了这种灵活性，甚至在其同

白花水毛茛 *(Ranunculus aquatilis)*

"白花水毛茛开花的时候,短短的叶柄会在水面上探出头,末端立有白色的花朵。"

一株植物上都能产生完全不同的叶片形态，而这取决于它们生长在水下或者空气中。生物学家将这种现象称为"饰变"，由植物所栖息环境中的特定条件触发。生物学家认为，不论叶芽是生长在水下还是暴露在新鲜的空气中，植物都能够从身边的环境中获取重要的信息。水能够刺激绽放的叶芽生长沉水叶，而空气则会促进挺水叶的生长。如果叶芽紧贴着水面，随之就会生长出浮水叶。

真是独一无二并极富创意的特性啊！植物能够完美地适应周围的生长环境，灵活地改变自己的外貌，是因为植物一生都在生长。一旦一片叶子诞生之后，就不能够发生改变了。只有在茎秆上的叶芽，才能够决定自己的生长形态。

更为深入的研究表明，温度是影响叶片形态的一个重要因素。如果白花水毛茛在8℃~18℃的环境中发育，就会长出沉水叶。在实验中，这种植物还给了人一种假象，因为当人们把温度升高到23℃~28℃的时候，它们即使在水下也会生长出挺水叶。在自然环境中，夏天空气的温度是比在水中要高的，这就为白花水毛茛提供了一个指示。此外，就连白昼的时长和水环境本身也会对其产生影响。

不仅仅是白花水毛茛

我们还发现，其他水生植物也能够根据不同的自然环境生长出形状各异的叶子，但是这样的植物的总数并不多。像慈姑就能长出带状的沉水叶，它们从水下探出头的叶子具有典型的两个尖端朝下的箭头形状，同时慈姑还有圆形的沉水叶。这种植物绝不缺乏想象力。

白花水毛茛和慈姑都属于两栖植物，既能够在水中又能够在湿润的陆地上生存。这就将它们与只能在水中生存的雪花草或者睡莲区别开来。

在陆生植物身上也存在着饰变现象，只不过表现得不是那么明显。许多阔叶树能够根据不同的光照条件，生长出阳生叶或者阴生叶。山毛榉向阳面生长的叶子会比那些始终处于阴影中的叶子长得更厚，但含有的叶绿素更少。通过解剖叶片，人们发现这是由光照条件决定的，因为山毛榉的叶子对光线特别敏感。光线也决定了圆叶风铃草小叶片的形状。其圆形叶片只有在弱光环境下才会产生，当光线强度增强的时候，它们的叶片会变得更为狭长。为什么会是这样的呢？毫无疑问，这是植物为了趋利避害所做出的改变。我们无法理解其背后更为深刻复杂的原理，但是可以断定，如果这一机制不能帮助植物获得更多益处，就不会在进化的过程中保留至今。

验证拉马克观点的证据

难以让人置信的是，白花水毛茛在进化论的发展历史中也扮演了重要角色。法国博物学家让·巴蒂斯特·拉马克（1744—1829）关于白花水毛茛各种外表形态的解释，最终被证明是正确的。他认为，这是外部自然环境能够改变物种生长方式的重要证据。这与达尔文之后建立起来的进化论形成了强烈对比。拉马克关于生物发展进化的观点在今天被称为"拉马克学说"，由此拉马克成为最早一批提出关于生物进化和生物多样性理论的生物学家中的一位。但在当时，人们还不具备有关基因的知识，遗传学也尚未建立起来，这些理论都是在之后才发展起来的。1809年，拉马克发表了一部包罗万象的著作《动物学哲学》，进一步丰富了他的理论学说。关于白花水毛茛，他在书中这样写道："在这种植物身上所发生的一切证明，生存环境的改变会对植物产生深刻的影响。这种影响会直接表现在它们身体结构的改变上。当白花水毛茛在水下生长的时候，它们的叶片就会精细地切分，上面具有头发丝般细微的切口；如果它们的茎秆触及水面，它们的叶子就会变得更为宽大，呈现出圆形和裂片状；如果它们的茎秆能够在湿润的、不会被水淹没的土地上生长起来，那么叶片会非常短小，也没有哪一个叶片会精细地切分。生物学家视这种形态的白花水毛茛为一个新的物种，即'掌叶白花水毛茛'。"

　　拉马克将植物发育不同形态叶片的能力视为有机物能够变异并渐变为其他物种的证据。掌叶白花水毛茛和白花水毛茛在陆地上的形态十分相似，以至人们常常将两者混淆。拉马克认为，已经形成的特性会传递到下一代身上，也就是所谓的"遗传"。对于白花水毛茛来说，在陆地环境中的形态似乎已完全属于另一个物种，而这种状态将永久地遗传下去。这其实是思想逻辑上的一个错误，拉马克本来只需要做少量实验就能够发现这一点。

　　在拉马克之后的200多年里，自然科学研究又取得了许多新的重大成果，一大批著名学者层出不穷。但是拉马克所取得的成就仍是值得后人充分肯定的，毕竟他是无脊椎动物学的创始人，也首次提出了"生物学"这个科学名词。

　　暂且抛开这些和进化论有关的复杂概念，盛开着白花水毛茛的一条小溪或者一片湖泊，的确让人赏心悦目。下面要介绍的这种植物更加让人惊艳。

原始的睡莲

白睡莲
(Nymphaea alba)

7月的凯钦

在一片小小的无名湖上铺满了白睡莲，看上去有一百多株花朵立在圆形的叶片之间，就像一些小圆蜡烛漂浮在水面上。在那里游弋的两只天鹅，看上去十分享受这样的美景。游客们被眼前如诗如画的景色深深地吸引了。白睡莲是最受欢迎的盆栽植物，也是各大公园和园林的常客。和德国本地普通的水生植物相比，白睡莲更显异国风情，看上去就像漂浮在水面上的硕大花朵，十分夺目。花朵直径在10~15厘米之间，就体积而言，可以说是德国本地植物界中的王者。睡莲的叶子也达到了碗盘那么大，是浮叶植物中的典型代表。充满空气的叶柄和叶片组织，可以确保它能够始终漂浮在水面上。叶片正面防水的蜡膜有效阻止了气孔被水堵塞。

作为多年生植物，睡莲的根深深地嵌入湖底的淤泥中。它们粗壮或含有淀粉的根茎上，长出了长达3米的叶柄和花梗。

这一长度也在德国本地植物区系中创造了纪录。

也难怪如此具有美学价值的睡莲会和艺术产生联系。法国画家和印象派代表人物克劳德·莫奈（1840—1926）在他艺术生命的后30年，就经常将睡莲作为创作题材。在这一阶段，他也诞生了许多著名作品。当睡莲在家里的花园池塘盛开的时候，他就把它们当作油画的模型加以创作。时至今日，睡莲和一些来自遥远国度的其他植物，仍然是花园设计中的一个极其重要的元素。睡莲和白花水毛茛或者雪花草有着显著的区别，它们具有特殊的生物特性，在植物的生态系统结构中也占据着重要地位。

世界各地的睡莲

睡莲属植物在全世界只有大约40种，和多达上百种的蔷薇属或者柳属植物比起来，就显得比较少了。睡莲在全世界五大洲都有分布，但是大多都分布在热带地区。若莫奈能看到来自澳大利亚和新几内亚岛的澳洲睡莲或者亚洲的红花睡莲的话，应该会感到十分惊喜。

睡莲科植物不仅包括睡莲属，还包括萍蓬草属和奇特的合瓣莲属植物。后者生长在东南亚热带雨林的河流中。该属的4种植物比较特立独行，它们的叶片完全沉没在水下，和浮叶植物截然不同，看上去更像是藻类。但是，它们的花朵和普通的睡莲一样，暴露在水面上的新鲜空气之中。合瓣莲是水族箱中颇受欢迎的观赏植物。白睡莲也能够生长出沉水叶,但这多发生在寒冷的季节,看上去就像浅色的莴笋叶一般。

最著名的睡莲科植物,莫过于来自南美洲亚马孙河的亚马孙王莲。它们的外观和睡莲非常相似,但是各个部位的体型都大了一圈:水下的叶柄长达8米,叶片直径3米,花朵长达40厘米。其叶片边缘向上翘起,看上去就像一块水果蛋糕。一些植物园专门为亚马孙王莲建造了观赏园,比如维多利亚植物园。要知道,享有这种高级待遇的植物少之又少。荷花尽管也和睡莲相似,但是被划分到了另外一个科。

在德国,一共分布有4种睡莲科植物。属于白睡莲的有罕见的雪白睡莲,另有两种萍蓬草属植物:欧亚萍蓬草和萍蓬草。后者非常罕见,大概只能在博登湖附近发现它们的踪影。

惊艳的花朵和果实

白睡莲所具有的一些特点是人们很难想象的。其中一个特点是它们硕大的花朵会在晨间绽放,并一直保持到下午4点左右,随后花瓣会向内弯曲缩成一个球状。甲虫经常会光顾睡莲的花朵,吸食里面的花粉,从而扮演起了传粉者的角色,同时还喜欢躲在花朵里面过夜。对于它们来说,这里不是天堂胜似天堂,因为随时随地都能获取想要的食物。当头顶的"圆屋顶"封闭起来的时候,它们还可以受到极佳的保护,免受外界的打扰。

在白睡莲每一株花朵中，都会发育出一颗含有种子的果实，它们的种子也不同寻常。人们几乎很难看到它们成熟的果实，因为在花朵受粉之后，正在发育的果实将会随着花梗的弯曲沉入水中。它们会在水中彻底成熟，并变成一种肥大臃肿的褐色物质，就像泡沫塑料一样可以挤压变形。这种球状物质的直径大约17厘米。每一颗果实都含有数百个谷粒大小的种子，同时具有气囊结构。当果实逐渐分裂的时候，种子就会上浮到水面上，通过水流和风实现传播。2~3天之后气囊就会破裂，种子悉数沉入水底，等待着发芽生长为新的睡莲。由此可见，睡莲的传播方式与水有着千丝万缕的联系。

前面我已经提到了白睡莲的传粉者。事实上，在大自然中还有许多动物会和睡莲打交道。至于这些动物和睡莲具体的互动过程，直到最近一段时间，人们才弄清楚。

睡莲和动物传播

新近的研究让白睡莲的果实和作为播种者的动物之间的惊人关系逐步浮出了水面，看上去它们的种子似乎并不只是依靠风和水来传播。

西班牙的科学家就已经证明，欧洲泽龟能够成功地传播白睡莲的种子，也就是通过消化器官的方式。喜食浆果的鸟类最擅长利用这一机制：果实中的种子安然无恙地通过它们的肠道，排泄传播到新的地方。世界各地的研究表明，不仅是鸟类，哺乳动物、蜥蜴、蛇、青蛙甚至鳄鱼也会借助这一方式来传播植物的种子。

　　生物学家曾经抓住10只欧洲泽龟，并把它们放在一个饲养箱中关了几天，以获取它们的粪便。随后，他们研究粪便中是否含有睡莲的种子。结果证明，在一小堆粪便中就含有700多粒种子，而且全部完好无损，仍然具有发育的能力。这也清晰地表明了，欧洲泽龟在睡莲的生命史中扮演着非常重要的角色。由于海龟也能够在陆地上行走，因此睡莲的种子也可以在陆地上传播，也就是说，其种子可以从一片水域转移到另一片水域。相较于单一的水传播，这种播种方式具有更大的优势，因为这样种子不会只在同一片水域中转来转去。

　　许多水生植物的种子能够悬挂在水鸟的羽毛上，并通过这些"空中信使"传播到很远的地方去。但这在睡莲身上却是不可能的，因为它们的种子过于光滑，所以很难黏附在鸟的羽毛上。

供给营养的睡莲

　　前面已经提到，淡水龟喜欢食用白睡莲的果实。这一发现几乎打破了人们的一个成见，那就是欧洲泽龟长期以来都被视作肉食动物，以螃蟹、贝壳、昆虫幼虫、小鱼和蝌蚪为生。西班牙的生物学家认为，睡莲的果实对于淡水龟来说，更像是它们寻觅不到动物猎物时的一种救急的备用食物。2002年9月，印

白睡莲 (*Nymphaea alba*)

"和德国本地普通的水生植物相比,白睡莲更显异国风情,看上去就像漂浮在水面上的硕大花朵,十分夺目。"

度科学家在Pakhui野生动物保护区进行了一次有趣的观察。

这片自然保护区位于喜马拉雅山脉山前的丘陵地带,动植物数量十分丰富,大片的区域都覆盖着半常绿森林。科学家在那里研究戴帽叶猴(一种不太常见的猴类动物)的食谱。当时,这些生物学家震惊地发现,一些戴帽叶猴站在一片齐肩高的池水中啃食白睡莲(白睡莲在印度也有所分布),其他猴子则在岸边捡拾水生植物的叶子、叶柄和花朵,吃得津津有味。对于通常栖息在树冠上,以叶子、树皮和树的果实为生的动物来说,这是一种非常奇特的行为。科学家认为,戴帽叶猴会在干旱时期啃食多汁的白睡莲,以维持自身的生存。一项针对睡莲成分的研究表明,睡莲含有较高的蛋白质和矿物质。在一些季节,树木只能够为戴帽叶猴提供坚硬的富含纤维的叶子作为食物,但是能量不高,也很不易于消化,此时睡莲就成为一种非常理想的替代性食物。

一些研究骨顶鸡的法国生物学家发现,在睡莲和动物之间存在着另外一种特殊的相互影响。这种黑鸟有着非常醒目的白色的喙和额头,辨识度非常高。在该国西部的大利厄湖,每逢夏天就有上千只骨顶鸡聚集于此。这种鸟是一种杂食动物,以芦苇、水藻、杂草等水生植物为食,但贝壳、蜗牛、昆虫和蠕虫也是它们的盘中餐。如今这片湖泊已成为一片低浅宁静的水域,许多像睡莲和菱角这样的浮叶植物在这里快速滋长,覆盖了大部分的湖面。当骨顶鸡和睡莲相遇的时候,一些奇怪的事情就发生了。生物学家观察到,这些鸟类会把睡莲的叶子啄破戳穿,然后把叶子高高举起又翻转过来。它们想在叶片的背面寻找潜伏的幼虫、蜗牛或者其他无脊椎动物。真是机智的做法啊!它们对这些叶子并不感兴趣,只是想寻找隐藏其中的真正的"美味大餐"。

谱系的最底端

植物学家将睡莲视作一种原始植物,但这并不是指它们生长得非常杂乱或者比较贫瘠,而是指它们具有悠久的历史。睡莲的花朵结构表明,它们有一段非常漫长的进化史。睡莲和其他奇特植物有着一些共同点。当把一个睡莲的花朵放在一棵盛开的玉兰树上的时候,你就会发现,它们的花朵非常地相似。这种相似体现在玉兰树和睡莲花朵器官的排列上,包括雄蕊的排列和花瓣的排列,两者都以螺旋形而不是圆形结构固定在中轴上,和绝大多数的显花植物截然不同。花朵器官的螺旋形排列体现出了原始时代的特点。在哺乳动物中,鸭嘴兽最为古老。从进化史的角度来看,它们也位列元老级别,因为和爬行动物一样属于卵生动物,因此鸭嘴兽也被称为"最为原始的哺乳动物"。如果按此来做一个类比的话,那么睡莲就可以被称为"最为古老的显花植物"。拥有众多的花瓣也是一株植物具有悠久进化史的象征,像白雪莲就有大约20片花瓣。而如今的显花植物只有很少的花瓣,大多数只有5片。

　　因此，植物分类学家将睡莲置于所有显花植物谱系中的最底端。它们非常古老，尽管从外观上似乎看不出来这一点。总之，睡莲是一种非常迷人的水生植物，总能给人带来新的惊喜。

在高山上

严寒中温暖的惬意

无茎蝇子草
(Silene acaulis)

7月柯尼希湖边的舍瑙

海拔2713米的瓦茨曼峰充盈了人的整个视野。在阿尔卑斯山脉山脚下的贝希特斯加登，人们可以看到位于北部的阿尔卑斯山脉喀斯特地貌最美的一面。这里是郊游者的天堂，人们既可以选择轻松简便的日常出游路线，也可以去挑战高难度的攀登路线。这里丰富的植被同样令人印象深刻。在阿尔卑斯山脉的草地和岩石间，生长着一些像耧斗菜这样属于东阿尔卑斯山脉的特殊植物。这在巴伐利亚州其他的阿尔卑斯山脉地区很不容易遇见。

在一些岩石块和阿尔卑斯山脉的部分草地上，我们看见了一些不同寻常的低矮植物。它们没有粗壮的茎秆和硕大的叶片，而是由一些绿色的茂密的垫状植被构成，形态并不规则。它们就像一些小垫子覆盖在下层土上，开花的时候，上面就会覆盖上一层玫瑰红的花朵，几乎和垫状植被一样高，看上去就像有人在垫子上插满了塑料小星星一样。从这些花朵的构造来看，它们属于石竹科植物，但是这种植物的其他部位就和石竹没什么相似之处了。这就是无茎蝇子草，在阿尔卑斯山脉的部分草地上经常可以遇到。

阿尔卑斯山脉的特殊植物

无茎蝇子草属于一种垫状植物，其无数的小莲座叶紧密地拥挤在一起构成草垫。在这里，我想首先提出一个问题：它们是由许多小植物簇拥在一起构成的集合体呢，还是一个独立地生长在岩石上或者土壤中的单株植物呢？从外表来看似乎很难判断，但事实上，这样一个草垫就是一株单株植物。它们粗壮的根系深深地嵌在地表之下，登山者能够看到的仅仅是它们众多分枝中的"树冠"而已，也就是说，许多莲座叶从细小的枝干上生长了出来。凭借这一点，人们就可以区分草垫和苔藓垫。在树荫浓密的森林中生长的苔藓，是由许多小苔藓植物构成的。

垫状植物是显花植物中的另类，因为它们的生长形态和普通的亚灌木植物大不相同。植物学家甚至将之形容为一种"残疾形态"，听起来似乎是说它们出现了生长畸形，缺少正常的完整的植物结构。但是显而易见的是，垫状植物和我们花园中的那些植物一样，也是一种亚灌木。蝇子草也属于多年生植物，能够挺过寒冬并在来年从花蕾中获得新生。此外它也不会木质化，否则就成了一种木本植物。和普通的亚灌木植物比较起来，垫状植物的茎秆非常短，但是它们的分枝特别多，形成了一种特别紧凑的生长结构。当在同一片区域，多个垫状植物密集地排列在一起的时候，它们就会像一张地毯一样铺满整个地面。

在德国，垫状植物通常出现在高山地带。在冷热交替、阳光直射强烈又经常遭遇干旱的环境中，它们的生长方式具有很多优势。高山地带的气候十分恶劣，经常出现极端温度，这就对阿尔卑斯山脉中花朵的生长提出了严格的要求。蝇子草只出现在海拔3400米左右的高度，也就是说，它们不会出现在低于这个高度的地区。这一物种在北美洲也有所分布，但是生长在海拔4200米的高度。

蝇子草绝对不是阿尔卑斯山脉地区唯一的垫状植物，此外还有一些点地梅属植物及挪威虎耳草等。垫状植物出现在世界各地的山脉地区，其中在南美洲安第斯山脉出现的丛生小鹰芹，就是一种令人印象深刻的巨大的垫状植物。这种植物生长在海拔3500~5200米之间，其形成的垫状植被厚度甚至可达1.5米。但是在过去很长的一段时间内，因为人们常常把它作为燃料使用，这些垫状植物遭到了巨大破坏，如今它们已经成了稀有植物。在中国西藏，还有一种叫作囊种草的垫状植物，它们生长在海拔5900米的地区，直径达到了1.5米。由于垫状植物生长缓慢，要达到这样硕大的体型，定然是经历了数十年的漫

无茎蝇子草 *(Silene acaulis)*

"它们就像一些小垫子覆盖在下层土上，开花的时候上面就会覆盖上一层玫瑰红的花朵，几乎和垫状植被一样高。"

长时间。

令人惊讶的是，在沙漠和其他夏季干燥的地区，也能够发现这种生长形态的植物。似乎垫状植物非常适应这类自然环境。那么，它们的生长方式和其他普通植物比较起来，到底具有什么独特优势呢？

与其他高山植物和沙漠植物相比，垫状植物对于极端气候条件具有更强的适应力，因为它们的内部与外部世界保持着隔绝状态。其茂密的小叶片构建了一个隔离层，就像枕头的枕罩一样。这个枕头的内部填充着已经枯死的叶子，空气比外部更湿润一些。在保护层之下，花蕾可以找到一个安全的栖息之所，哪怕外面是严寒霜冻或者烈日当空。可以说，这里面的环境比外面要更为稳定，也更为舒适和惬意。

大受欢迎的住所

加拿大科学家深入研究了分布在落基山脉的蝇子草，并将它们内部的微气候与外部环境进行了比较。他们把温度计和湿度计放入不同的垫状植被之下，借助自动监测装置每隔半个小时记录一次相关数据。由此，他们记录了从2010年7月17日至8月25日之间的微气候数据。同时，他们也采用同样的方式记录了其他植物地表部分的相关气候数据。

研究表明，垫状植物内部的空气湿度和温度在一天之内的波动幅度都比露天环境下要小得多。其内部的最高温度达到

25℃,在露天环境下,某些天测得的温度超过了35℃。因此一株垫状植物就像一个小型的温室一样,能够吸引很多昆虫前来入住。我要是阿尔卑斯山脉地区的甲虫或者蚂蚁的话,也当然愿意躲进垫状植物的茎叶之间躲避外面的严寒酷暑,直到恶劣的天气结束。

科学家还研究了无茎蝇子草垫状植被之下节肢动物的多样性,并与其他植物的样本再次进行了比较。他们使用一个带有接收装置的小型吸尘器,将这些小动物安然无恙地从垫子下面吸取了出来。

研究者们确认,由无茎蝇子草构成的垫状植被比没有蝇子草的植被更能吸引小虫子来安家落户,而且这些虫子躲进垫状植被的次数,也比躲进暴露在外的植被的次数要多得多。因此,垫状植被成了昆虫和其他节肢动物们群居的大家园,不仅有苍蝇和甲虫,还有蜈蚣和蜘蛛。这种植物不会伤害这些动物,只要它们不盯上叶子和根茎。当这些昆虫分泌排泄物或者死亡后被分解时,植物说不定还能从中获益呢!

“保姆”植物

垫状植被不仅对小爬虫具有吸引力,有时候从蝇子草的垫状植被中,还能长出另一种植物。很显然,一粒种子是可以在它们的小叶片之间发芽和生长起来的。加拿大研究者也证明了这一点:垫状植被还能够吸引其他的植物。它们提供了一个舒适的"疗养院",因此生物学家将其称作"保姆植物"。很早以前,生物学家就在其他植物身上发现了这一现象。比如在沙漠中,灌木和乔木就经常作为一种保姆植物,在它们的阴影庇护下的低矮植物,比起那些在烈日照射下的同类来说更容易生存下来。但是这只是针对那些不对土壤排放有毒物质的植物而言,像核桃树就绝对不可能成为保姆植物。

瑞典植物学家曾经深入研究过蝇子草为其他植物提供发育场所的特点。这种垫状植物也生长在斯堪的纳维亚半岛的北部,在这些垫状植被之下,研究者发现了35种不同的植物,包括高山蜡菊和极地矮柳。此外还包括鸦跖花,随后我们还会遇到它。如果有一种外来植物在垫状植被中生长,其结局是很难预料的。它们会盖过这些垫状植被从而取代蝇子草的地位吗?或者说它们会就此停止扩张的步伐吗?这很大程度上取决于它们的生长形态。如果是极地矮柳的话,就很有可能替代垫状植被,因为这种矮灌木具有木质化的枝丫,势头远远压过蝇子草。

在阿尔卑斯山脉和地球上许多其他高山地区,垫状植被以其促进众多物种生长的积极作用在当地生态系统中扮演着非常重要的角色。它们促进了物种的多样性,还借助它们的保护垫维持了这些物种的生存。在岩块上生长的垫状植物则构建起了一个迷你的生态系统——一个微小的物种聚居地。

阿尔卑斯名花之最

雪绒花
(Leontopodium nivale)

8月柯尼希湖边的舍瑙

瓦茨曼峰作为贝希特斯加登阿尔卑斯山脉地区最高的山峰,吸引了所有来访者的注意力。但是我们更喜欢在海拔2276米的施耐普施泰因山峰漫游,其攀登难度也不是那么高。这里就是阿尔卑斯山脉的喀斯特地貌地区,草地上乱石丛生。在快到达山顶的路段时,我们遇到了白色的雪绒花[1]。它毫无疑问是阿尔卑斯山脉最为人熟知的花朵,其图案可以装点在手杖、帽子、啤酒盖、饮料瓶、T恤等物品上,无数的度假小屋、小木屋和饭店也都取名为"雪绒花"。如今,雪绒花已经成为这里的山峰和高山牧场独一无二的象征。

1　根据其拉丁学名,可译为白火绒草。德语俗名为"Alpen-Edelweiß",即"高山雪绒花"。阿尔卑斯山区将德语中的"Edelweiß"(即英语中的Edelweiss)俗称为雪绒花,可以泛指菊科火绒草属的多种植物。文中提到分布在瑞士的雪绒花,中文正式名应为"高山火绒草",有人认为,白火绒草和高山火绒草并非同一物种。

　　我犹记得有一次在瑞士瓦莱山漫步时，遇到了两位年轻的美国女性。她们向我问路，于是我们就攀谈了一会儿，她们很想知道到底在哪里可以看到雪绒花。这种植物在全世界可谓无人不知无人不晓，以至"edelweiss"已经成为一个正式的英语单词。

　　其实，雪绒花的花朵并不像其他植物那样色彩斑斓，或者具有完美的几何形状。绽放的珠芽百合或者黑色香草兰及兰花看上去都要比雪绒花壮观得多，但是雪绒花看上去仍然非常夺人眼球，尤其是当阳光照射在它们身上时，它们会反射出耀眼的银色光线。它们星形的外表并不规则，浑身毛茸茸的，看上去更容易让人联想到棉签。总而言之，它们是阿尔卑斯山脉上个性十足的居客，同时还有许多意想不到的特点等待着我们去探索。

不同寻常的花朵

　　雪绒花最显著的特点就是其茎末端的白色茸毛。这些是自成一体的花朵，还是仅是花朵的组成部分？为什么它们的形状如此参差不齐？要想找到这些问题的答案，就需要拿着一个放大镜，趴在地上仔细地对它进行观察。此时你再联想一下向日葵的特点，答案就不言自明了。

　　火绒草属和向日葵一样，均属于菊科植物。菊科植物最大的特点就是，边缘带有黄色花瓣的向日葵花盘常被我们当作单独的一株花,而实际上它们只是花序而已。也就是说,许多小的花朵紧密地簇拥在一起形成了一个花盘。如果这个花盘很小并且呈半球形,植物学家就会将它们称为"头状花序"。花茎在顶部变宽,这样就能够容纳更多的个体花朵。向日葵上的小花朵一个挨着一个紧密地排列,每一朵小花都有五个尖角、单独的雄蕊和子房。

位于边缘的巨大花瓣同样也是单独的花朵,但是构造有些不一样。和中间花朵细小的花瓣、雄蕊和子房不同,它们的花瓣巨大,以此来吸引昆虫。

由此来看,菊科植物的生长习性就比较明确了。整个花序都作为一个整体存在,似乎本身就是一朵单独的花。昆虫会被它们的香气和巨大的花瓣吸引,随后着陆在一个圆形的花盘上,吸食上面的花蜜和花粉。对于它们来说,这里简直就是一个天堂。

现在让我们把视线转回雪绒花吧!它们的头状花序比较娇小,但是在五角星中间非常醒目。多个花序总是簇拥在一起,周围环绕着一个白色棉绒组成的花圈。它们的植物学术语是"苞片",是一种位于茎秆末端属于花序一部分的特化叶片。苞片覆盖着非常浓密的茸毛,在这里如同花瓣一般。它作为一种显眼的器官,在很远的地方就向昆虫释放信号:这里能得到些食物啊!

雪绒花 *(Leontopodium nivale)*

"它们的头状花序比较娇小, 但是在五角星中间非常醒目。多个花序总是簇拥在一起, 周围环绕着一个白色棉绒组成的花圈。"

雪绒花真正的花朵非常小，紧密地簇拥在头状花序中。令人难以置信的是，每一个头状花序竟然含有60~80个细小的花朵，反映出了它们复杂的组成结构。这主要包含两个层面：一个是小型花序，另一个是小型花序组成的花序整体。因此，雪绒花的结构层级比较复杂，花朵隐藏在小型花序中，多个小头又组成了一个整体，同时白色的茸毛环绕在它们的周围。

谁为雪绒花传粉？

雪绒花的整个面貌在德国的植物区系中可以说是独一无二的，植物学家在很长一段的时间里，都在研究它们的传粉者到底是谁。这种植物缺乏艳丽的外表，谁会对拜访它们有兴趣呢？事实上，19世纪的植物学家认为，很少有昆虫会为雪绒花传粉，因此它们不借助传粉就能够孕育出种子。这一现象在许多其他植物种类身上也曾发生过。但当时没有人对雪绒花的传粉机制进行过深入的研究，这也就是为什么瑞士的一位植物学家会如此关注这个问题，并着手对雪绒花的传粉者进行了深入的大规模研究。来自巴塞尔大学的安德烈亚斯·埃哈特曾在瑞士阿尔卑斯山脉地区隐居过一段时间，他潜心观察雪绒花的所有访客，结果可以说是出人意料。据他统计，一共有25种不同种类的昆虫降落在了雪绒花上，显然扮演起了传粉者的角色，其中的绝大多数都是蝇类昆虫。它们只在遇上好天气的时候才会来拜访，但是这种天气还是挺多的。为了验证苍蝇的确能够传粉，他收集了一些此类昆虫，仔细观察它们身体上是否黏附着花粉粒，证据是显而易见的。埃哈特还在雪绒花中发现了苍蝇钟爱的一种花，这种花能够散发出一种混合着蜂蜜和汗水气味的香气，对于苍蝇具有特殊的吸引力。埃哈特还收集了花蜜，研究其化学成分。发现除了果糖和葡萄糖外，花蜜中还含有多种氨基酸，这些对于昆虫来说都是非常营养健康的食物。毫无疑问，雪绒花吸引了大量昆虫来为自己的花朵传粉。

为适应高山环境而全副武装

雪绒花为了适应高海拔地区的生存环境，做出了许多重大的改变。它通常生长在海拔1800~3000米的高度，有时候也能够在高达3400米的地区生长。它们尤其喜欢生长在岩石密布的阿尔卑斯山脉草地或者岩石缝隙之间，有时候人们也能够在一些低海拔地区发现它们的身影，比如在汝拉山脉或者阿尔卑斯山脉的南侧。

在高山地带的雪绒花和许多其他的高山花一样，都不得不面临低温、干旱和强烈日照的考验。雪绒花身上密布的茸毛一方面是为了防止水分过分蒸发，另一方面也是为了防止茸毛下的组织遭受紫外线的损害。为了预防霜冻带来的伤害，它们茎叶中的细胞还含有类似防冻剂的成分，能够降低细胞液的凝固点。同时，在它们的细胞中能够发现大量的水溶液。如果这些水溶液凝固了的话，细胞就有可能被撕裂，因为凝固的液体的体积会膨胀。雪绒花的根状茎非常发达，并储存有足够多的养分，使它们在寒冬过去之后还能够抽发新芽。

高科技茸毛

由比利时、匈牙利和美国科学家组成的研究小组发现，雪绒花的茸毛可以说是植物世界中的精密杰作。物理学家和材料学家研究了它们茸毛的微观结构及其特点，为此他们动用了电子显微镜、复杂的测量仪器等高科技设备。研究者对雪绒花的微观结构和光学特点非常感兴趣。

最终的发现令人非常吃惊。原来，雪绒花的一束茸毛是由许多细小的平行排列的纤维构成的，和一根粗壮的钢丝绳的结构非常相似，因为后者也是由许多股细小的钢丝构成的。但是，雪绒花的茸毛是空心的，也就是说它们的纤维构成了一个管状结构。科学家们通过光学观察发现，这些茸毛是透明的，但是紫外线却几乎无法穿过。通过运用这一"高新科技"，它们具有了夺目的亮白色外表。它们就像配备着许多功能强大的太阳镜，阻挡了紫外线的侵入，但同时也吸收了其他的光线。这样一来，植物就能够安然无恙地进行光合作用。在由纤维构成的针织物中充满着空气，也起到了隔热的作用。这些茸毛就像玻璃纤维或者棉花糖构成的糖丝团一样，尽管组成它们的物质是透明的，但是无数的细小茸毛和缝隙中的空气使植物整体看起来像白色的雪一样透亮。

为什么物理学家和材料学家会花这么多心思去研究高山

火绒草呢？科学家认为，在许多技术发明中可以借鉴这一原理，比如防晒霜的研制以及一些能够阻挡紫外线的特定颜色的运用。那么，这些最终能够实现商用吗？我已经能够想象在我面前出现了一大片雪绒花花田，无数的收割机器正在上面不断运作，采集着价值不菲的白色花朵。

雪绒花是如何来到阿尔卑斯山脉的？

火绒草属植物在欧洲只有一个单一物种，这和山柳菊属植物的数量比起来差远了，植物学家仅在德国就发现了数十种外观相似的山柳菊属植物。因此，我不禁对雪绒花的身世产生了好奇。如果某一种植物具有和它的同类截然不同的特点，人们就会想去研究与它类似的植物，那么在世界上的哪些地方可以找到这些植物呢？

一场在中亚山脉和草地的旅行带领我们走向了答案。这里生长着约60种不同的火绒草属植物，都具有和阿尔卑斯山脉上的雪绒花相同的典型外貌，仅在中国就有37种记录在册。它们的生长高度参差不齐，有些可能只有几厘米高，另外一些则具有强壮的茎秆，高度超过了1.5米。还有一些来自中国的火绒草生长在喜马拉雅山脉的高海拔地区，这里空气非常稀薄，紫外线照射极其强烈。弱小火绒草则生长在3500~5600米的高山草地和多岩石的地带。

在亚洲，却没有德国常见的阿尔卑斯山脉的雪绒花，很可能它们也分布在高山地带以外的比利牛斯山脉和保加利亚的山区等地区。

为什么雪绒花只生长在欧洲的高山地带，而在它近亲的栖息地——亚洲却不见踪影？这要从很久远的一段历史说起了。极富象征意义的雪绒花之所以成了德国植物区系中的一员，很大程度上归因于第四纪冰期。生物地理学家认为，当时有一种火绒草属植物由亚洲迁往了欧洲，而大部分的陆地仍被适应了严寒气候的植被覆盖。在第四纪冰期之后，这一物种就被隔绝了，逐渐演变成为雪绒花。

几乎灭绝

过去有大量的登山者采摘雪绒花，把它们作为纪念品带回山脚。此外，人们也大量地采集雪绒花向游客销售。1920年，在奥伯斯多夫附近的霍夫阿茨山陡峭的侧面生长着许多雪绒花，而这种高山花在1920年的数量仅为1900年的十分之一。鉴于霍夫阿茨山上的雪绒花已经濒临灭绝，6~9月常驻在此的阿尔高山地救援队搭建了一个帐篷营地。这些登山运动员对雪绒花进行了严密监视，防止任何人采摘。从1935年到2007年，该营地的工作人员一直坚守着自己的岗位。

如今，过度采摘已不再是问题。然而，尽管火绒草在德国、奥地利和瑞士一如既往地被人们保护着，但一些其他的威胁却接踵而来，比如大量游客拥入并踩踏植物，以及兴修基础设施造成的对植物栖息地的破坏。值得一提的是，早在1886年，火绒草就在奥地利被列入了"受保护植物名单"。希望雪绒花那片亮丽的白色能够永远装点美丽的阿尔卑斯山脉。

钟乳石上的植物

白山虎耳草
(Saxifraga paniculata)

7月的巴特欣德朗

在通往海拔1638米的诺格斯霍芬峰的途中,我们发现了许多碎石块,并在其中发现了高约40厘米、长着白色花朵的虎耳草,但它们灰绿色的外表让人感觉它们生命中最美好的年华似乎已经逝去。其叶片全部生长在茎秆的底部,形成了一个接近半球形的莲座叶。它们还能生长出短小的匍匐茎,在其末端又会生出新的莲座叶。许多莲座叶成团地簇拥在一起,像垫子一样覆盖着地表。叶片边缘具有不规则的齿牙,泛着淡淡的白色。白山虎耳草[2]是虎耳草属(较为常见的一个植物物种),生长在阿尔卑斯山脉海拔3400米的高度。在德国一共有30种不

---

2 中文正式名为锥花虎耳草。德语俗名为"Rispen-Steinbrech",直译为"圆锥虎耳草",与中文正式名来源相同,指花序为圆锥花序。它的诸多英文俗名之一是"White Mountain saxifrage",部分译者将它直译成了"白山虎耳草"。根据中文植物拟名的原则,产于长白山的植物,通常冠以"白山"之名,此处的白山虎耳草与长白山并无关系。

同的虎耳草属植物,其中的大多数都分布在阿尔卑斯山脉地区。在世界范围内,植物学家共发现了大概400种。

虎耳草属的学名"*Saxifraga*"来源于古罗马的自然学家普利纽斯。他形容这种植物为"Quiasaxafrangit",意即"能够将岩石劈开",这说明它们能够生长在紧密的岩石缝隙甚至裂隙之中。植物学家通过它们花朵的结构,就能轻松地辨别出这种植物:两个子房,五个雄蕊。这是非常罕见的构造。

你可别小觑白山虎耳草碎裂石头的能力,这与它的新陈代谢作用有关。

有意的钙化

我在前面已经提到,这种花的叶子具有白色的边缘。仔细观察会发现,这是锯齿状叶缘的白色凹陷。在放大镜下,它们就像一些微小的鳞片,很明显是植物自身分泌的一些固态物质。这些鳞片几乎是纯的碳酸钙,借助一个经典的实验就可以证明:只需要加入一点盐酸,它们就会泛起泡沫。盐酸与碳酸钙发生反应之后,就会产生二氧化碳。为什么白山虎耳草会产生固态的碳酸钙呢?

碳酸钙分布在岩石的内部,是其重要组成部分。白山虎耳草是一种非常典型的喜钙植物,有着完全特化的代谢能力。在下文关于龙胆草兄弟的章节中,我们将了解龙胆草植物面临的一些难题。土地中碳酸钙含量过高并不利于植物的生长,为此白山虎耳草探索出了一个独特的生存之道。它们的做法并非让根系拒绝吸收钙质，而是在吸收土壤中水分的同时吸收钙质，并再次把它代谢出去。

要达到这一目的，它们必须具备独特的生理能力，尤其是需要一个特殊的组织来组建一套能自我净化和排出碳酸钙的系统。因此，这种高山植物的生理特性非常引人关注。在白山虎耳草的叶缘位置有一些特殊的细胞，它们能够向外"运输"碳酸钙。通过这种方式，它们能够把多余的碳酸钙排出体外，就像我们的肾脏能够过滤血液中的有毒物质一样。由于白山虎耳草生长在富含碳酸钙的土壤上，所以难免会通过根系吸收溶解在水中的碳酸钙，最终这些碳酸钙会到达白山虎耳草的体内。然而，细胞中碳酸钙含量过高会带来损害，因此它们叶片边缘的特殊细胞，也就是所谓的"泌水孔"会清理体内的碳酸钙并将其代谢出去。随后，碳酸钙液蒸发后就留下了一些白色的痕迹。

这一现象是绝无仅有的：岩石的成分发生了转移，虽然这个量非常小。碳酸钙从地面或者岩石中转移进入了叶片，又在叶片边缘的齿状裂片上被代谢了出去。在白山虎耳草的特殊作用下，产生了一个微型的碳酸钙流动循环。当叶片枯死掉落在地表的时候，碳酸钙屑会逐渐分解重新融入土壤中。

白山虎耳草 *(Saxifraga paniculata)*

"许多莲座叶成团地簇拥在一起，像垫子一样覆盖着地表。叶片边缘具有不规则的齿牙，泛着淡淡的白色。"

不仅仅是碳酸钙

植物主动排出有害物质的现象比较罕见，因为这一过程需要能量和高度分工化的细胞的参与。这一现象可以出现在各种不同的植物科属及其生长环境中，此时代谢出的就不仅是碳酸钙了。根据栖息环境和自身需求的不同，植物可以排出碳酸钙、盐分，甚至仅是水分。让我们暂时将目光转向海边吧。我们在北海已经认识了一些耐受盐分的植物，但是对补血草还没有详加描述。因其数量繁多的淡紫色花朵，这种植物也被称为"海薰衣草"。它也是一位能够借助叶片主动排出物质的"专家"，但也只有在叶片的位置才能发挥代谢作用。因为在其叶片上分布有许多盐腺，能够排出氯化钠。

但是也有一些像斗篷草一样的植物，通过消耗能量能从叶片排出水分，其同样依靠的是一些分布在叶缘上的高度分工化的特殊细胞。植物学家将这一过程称为"吐水作用"。那么，为什么植物要吐水呢？我们都知道水是无毒的，同时也是植物生存必不可少的元素。事实上，这和某一植物内部的物质输送有关。从植物根部到顶部的水分传输渠道必须保持畅通，这是植物赖以生存的生命线。只有这样，才能让溶解在土壤中被根部吸收的营养物质分散在植物的各个部位。在清晨还比较寒冷和潮湿的时候，叶片气孔还没有发挥蒸腾作用，蒸腾作用在之后的一段时间才会开始。因此，在斗篷草的叶缘会出现大量的水珠，而这和露水没有半点关系。有时候，边缘的水珠也会流向略微呈拱形的叶片中央,形成一个巨大的水珠。

尽管在湿热的热带地区蒸发作用并不强,这里的许多树木同样会主动排出水分,以实现水分的充分流动。当它们的叶片尖端开始滴落水珠的时候,植物的吐水作用就开始运作了。

而我们这里介绍的白山虎耳草,则进化出了一套不同的生理机制,使得它们能够在钟乳石上沉积下碳酸钙。只有这样,它们才能够在光秃秃的石灰岩上维持生存。

在极限环境中生存的白山虎耳草

白山虎耳草是一种地道的岩生植物,即使在泥土稀少的岩石缝中,它们也能够安家生长。岩石地其实是不适宜植物生长的严酷地带,冬季的凛冽寒风和严重霜冻会给植物带来巨大的损害,夏季的高温和干旱又会让植物们苦不堪言。在夏季的晴天,植物叶片的温度可以高达50℃,为其带来了巨大的生存压力。奥地利植物学家通过一系列研究,发现了白山虎耳草的应对之道,其原理十分惊人却也非常简单。当气候干燥炎热的时候,白山虎耳草莲座叶外部的叶片会向内卷缩,从而让内部较新的叶片处于阴影之中,这减少了80%的水分蒸发,避免了它们在高温中枯死。此外,旧叶片中的水分会流向新叶片,极端情况下,莲座叶外部的叶片甚至会牺牲自己。以牺牲局部来保全整体,是多么无私的奉献啊!通过使用这一策略,白山虎耳草避免了酷热和过度水分流失带来的持续损害。

第四纪冰期的遗物

白山虎耳草的分布范围远远超出了阿尔卑斯山脉，因为在斯堪的纳维亚半岛的北部、格陵兰岛、冰岛及北美，也能发现它们的踪迹。而在德国，除了阿尔卑斯山脉山区，白山虎耳草还在施瓦本山安了家。它们是第四纪冰期的遗留物。施瓦本地区的居民几乎与世隔绝，人们不禁要问，白山虎耳草究竟是怎么寻踪觅迹跑到这里来的呢？其实第四纪冰期就决定了白山虎耳草今日的分布格局。第四纪冰期的冰山延伸到了低地，许多生长在低洼地带的高山植物在这里找到了适宜的栖息环境，从而得以熬过第四纪冰期并幸存至今。当时，并不是所有的土地都被冰雪覆盖，一些冰雪融化的地带已经生长出了一批耐寒植物。第四纪冰期结束之后，白山虎耳草在欧洲的分布区域被打散了，现在只分布在阿尔卑斯山脉山区和施瓦本山的部分岩石地带。

白山虎耳草如今还面临另外一个威胁：攀岩者带来的破坏。紧绷的绳子、踩踏的双脚和寻找着力点的双手常常夺走许多虎耳草的生命。这又是一次自然保护者和野外运动者之间的斗争。如果攀岩者不做出让步，比如停止在一些山岩区域攀登，施瓦本山地区的白山虎耳草很可能会面临灭顶之灾。如果自第四纪冰期遗留下来的白山虎耳草真的不能渡过此劫，那对于施瓦本山的居民来说，真的是太遗憾了。

分道扬镳的"两兄弟"

无茎龙胆和短茎龙胆
(Gentiana acaulis)　(Gentiana clusii)

7月的米滕瓦尔德

　　这里有两种植物长得十分相像,它们都有硕大的、直立着的深蓝色的花朵,这就是无茎龙胆和短茎龙胆。二者同属于龙胆属植物,也是其中最另类的代表。毫无疑问,它们也是阿尔卑斯山脉地区最漂亮的花朵。它们的茎秆非常短小,因此在口语中常常被称作"短茎龙胆"。因为它们的花朵看上去像是直接立在地面上,倾斜的叶片和朝向内侧的凹槽使它们看上去就像一个集水器一样。生物学家将它们的花型称为"广口漏斗型",是胡蜂和蝴蝶们喜欢停留的场所。正是得益于其明亮的蓝色,它们才能在高山地区吸引人们的眼球。在一些地势低洼的地带,人们也可以欣赏到短茎龙胆,比如慕尼黑的加兴草原。每逢春天,这里就会变成一片迷人的蓝色花海。

　　尽管这两种龙胆十分近似,但是凑近来瞧还是可以发现它们的不同之处的:无茎龙胆底部的一些橄榄绿色的斑点是短茎龙胆所没有的。而且,它们也不会在某一个栖息环境中同时出现。不过这样也好,人们可以去不同的目的地来参观这两类龙胆花。我们之所以说它们像一对分道扬镳的兄弟,不是因为它们的外貌,而是因为它们的生物习性,毕竟每一个物种都有自己偏爱的生长土壤。为了让大家更为清晰地理解这一点,我要跑一下题,暂且不讨论这些壮丽的高山植物。

更为极端的山中环境

众所周知,山脉由岩石构成,而地质学家还能进一步将岩石细分为十几个种类。粗略来讲,最主要的两类岩石就是沉积岩和原生岩。沉积岩中,较常见的就是石灰岩,最初来自海底沉积物。随着阿尔卑斯山脉的隆起,沉积岩层断裂并被抬高,在腐蚀作用的影响下,其外形不断变化,逐渐演变为如今陡峭的岩石。原生岩来自地壳内部的岩浆,最典型的代表就是花岗岩和片麻岩,其主要成分为硅酸盐。原生岩层也随着阿尔卑斯山脉的隆起被抬高了。从地理学的角度来看,阿尔卑斯山脉是由各种各样杂乱的岩石构成的,而且它们之间通常都有清晰的分界线。阿尔卑斯山脉诞生之时,产生的巨大力量使地下岩层发生了移动,它们相互重叠在一起,随后又逐渐破碎和分裂。

岩石能够对土壤质量产生巨大影响。石灰岩上土壤的性质和原生岩上土壤的性质有着巨大差别,两者的差别反映在土壤成分的构成和性质上。对于扎根在泥土中的植物来说,土壤的特性至关重要。

大多数的钙质土通常更易透水，因此比原生岩上的土壤和硅酸盐土壤更容易干燥。由于钙质土中溶解的碳酸钙含量较高，此类土壤酸碱度呈中性或者弱碱性。也许你还记得化学课上使用的石蕊试纸，它会根据酸碱度的不同呈现出不同的颜色。像醋这样的酸性液体会让试纸呈现出红色，而像肥皂水这样的碱性溶液则会让试纸呈现蓝色。氮在钙质土上会比在硅酸盐土壤上更为迅速地矿化。死亡的动植物会被无数的微生物包括真菌分解，由此产生的矿物盐又会为植物提供养分，氮也可以起到相同的作用。

因此，生长在钙质土上的植物营养吸收通常会更好一点。在农业和林业中，经常会对酸性土地进行碱化处理，在这一过程中，就会用到石灰石粉以中和土壤中的酸。

硅酸盐土壤天然呈酸性。此类土壤中黏土含量很高，因此黏性较重，比钙质土更能锁住水分。有时候，土壤中的铝盐含量较高会对植物造成危害。在硅酸盐土壤中，铁元素含量比钙质土更高一些。

当然，每一种土壤都有它的优点和缺点。有的植物能够同时适应两种土壤类型，有的只能在其中一种土壤上健康地生长。在一些地势低洼地带，这种差别并不是那么明显，因为腐殖质能够改变土壤的化学性质。

无茎龙胆和短茎龙胆 *(Gentiana acaulis&Gentiana clusii)*

"它们的花朵看上去像是直接立在地面上，倾斜的叶片和朝向内侧的凹槽使它们看上去就像一个集水器一样。"

在高山地带，情况就大不一样了。由于那里气候恶劣，植物的生长面临诸多挑战，土壤形成的过程也比较缓慢，通常母岩之上只覆盖了一层薄薄的腐殖质层。漫长的冬季甚至是夏季的低温，都会让半腐殖质层的形成速度减缓。森林线之上的高山地带的土壤因此非常地贫瘠，生长在其间的植物都会直接受到那里岩石性质的影响。因此，不同土壤类型的差别在高山地区表现得特别明显。如果某一种土壤妨碍了一株植物的正常生长，那么这类植物很可能就会在该地带渐渐地销声匿迹。

植物学家还发现了一些既不喜欢在钙质土上生长，也不愿意在原生岩之上的酸性土壤上安家的植物。他们所说的其实是像蓟属这样生长在含有石灰质的山地草地上的指示植物。

一种生物地理学现象

现在让我们把话题转回那两种龙胆花吧。在龙胆属植物漫长的进化过程中，形成了两个种类，分别适应了上面谈到的两种土壤类型，自此之后它们也只在各自适应的土壤上生长。生物地理学家将这一现象称为"地理分隔"。也就是说，尽管这两种龙胆属植物处于相同的气候环境之下，但是在地理分布上却是分离的。如果不是这种依赖特定土壤的属性，两种龙胆就能够生长在同一片区域，占据更为广阔的空间。

那么这两种龙胆属植物具体生长在哪里呢？通常来说，无茎龙胆喜欢石灰质稀少的酸性土壤，而短茎龙胆则偏爱石灰质土壤。因此,通过观察它们出现的位置,就能判断出该处土壤的化学性质。它们是典型的指示植物,是可以指示土壤的酸碱度的植物。在德国阿尔卑斯山脉地区的植物中,还有一些物种与这两种土壤类型紧密联系在一起,还有一些物种和这两种龙胆属植物一样呈现出了地理分隔物种的特征,比如高山雪铃偏爱石灰质土壤,矮雪铃则避之不及。植物地理学家海因茨·埃伦贝格(1913—1997)在阿尔卑斯山脉地区就发现了超过10对这样的物种。

此外,杜鹃花也属于这种情况。阿尔卑斯杜鹃装点了无数的明信片,和雪绒花、龙胆一起成了阿尔卑斯山脉浪漫世界的象征。从植物学的角度来看就更有趣了,因为雪山蔷薇[3]属于种类丰富的杜鹃花属,而在德国本地花园中以杜鹃花最为有名。种类多达数百种的杜鹃花属植物主要分布在亚洲的高山地区,少量的分布在北美,还有两种扎根在阿尔卑斯山脉地区。

阿尔卑斯杜鹃也分布在石灰质土和酸性土这两种土壤之上。密毛高山杜鹃生长在石灰质土壤上,高山玫瑰杜鹃则偏爱石灰质较少的酸性土壤。谁能想到,鼎鼎大名的雪山蔷薇竟然还是一对姐妹花!

植物学家认为,龙胆和雪山蔷薇的祖先其实都是单一物种,由外地迁往了阿尔卑斯山脉地区,随后渐渐分布在两种不

---

3 人们所说的"雪山蔷薇",就是阿尔卑斯杜鹃,属于杜鹃花属。

同类型的土壤上。生长在两种土壤上的植物走上了各自的进化道路，于是同一个祖先就孕育出了两个全新的物种。这一切得益于第四纪冰期的出现，为自然界带来了更多生机，让欧洲的许多物种灭绝的同时，也引进了许多新的物种。尤其是来自亚洲草原和高山地带的以及北半球高纬度地区的耐寒植物，都在阿尔卑斯山脉地区站稳了脚跟。杜鹃和无茎龙胆就属于第四纪冰期的遗留物。随着冰山的移动，一些植物也迁往了中欧，因为在那里有一片没有结冰的"植被走廊"，为它们提供了适宜的生长环境。这样，它们就能够渐渐地朝着西方或者南方进一步扩展自己的版图。当气候逐渐回暖、冰山体积再次缩小的时候，它们就彻底在阿尔卑斯山脉地区安了家。

如今我们所见到的植物竟然隐藏着这么一段悠久的历史，实在叫人心潮澎湃。从植物的生长习性和特殊的分布区域中，能找寻出它们的历史和进化过程的蛛丝马迹。通过研究地理分隔现象，能够直观地了解到这些物种复杂的形成过程。我们在前面介绍的龙胆，其对不同土壤的适应过程其实就是它们对物种演变的自然选择过程，也就是说从同一个物种演变出了两个类别。

不仅仅是土壤

地理分隔现象不仅体现在土壤的选择上，在高度分布上，一些近似的物种也表现出了差异。比如草甸毛茛生长在低海拔地区,山毛茛则栖息在高海拔地区。所有的地理分隔物种都具有类似的外貌,并且血缘关系十分亲近。由于各自的生长需求不同,它们在很长的时间内都分布在不同的栖息环境中。我们前面谈到的龙胆"兄弟",就是因为适应了不同的土壤类型而出现了分布区域的不同。

接下来我们要介绍的这种植物,也和石灰质有着千丝万缕的联系,但是它们与石灰质打交道的方式和龙胆有所不同。

孤独的极限攀登者

冰川毛茛
(Ranunculus glacialis)

8月的奥伯斯多夫

我们的最后一站位于巴伐利亚州最南端的阿尔高阿尔卑斯山脉。我们行走在海拔超过2000米的狭窄的山间小道上，逐渐远离了森林的边缘，随后经过了格勒本克罗滕山和梅德勒峰。我们发现，在岩屑堆、石灰岩和其他岩石之间隐藏着一种植物，其外貌不禁让人联想到毛茛，它就是冰川毛茛。冰川毛茛是一种带有小尖叶和白色或粉色花朵的低矮植物，其花朵立在一个强壮的茎秆上。它们生长在高山地带，因此在德国非常稀有，人们只有在巴伐利亚州的最南端才能发现它们的踪迹。冰川毛茛的自然分布范围覆盖了阿尔卑斯山脉的大部分区域，因为它们适宜在海拔超过2000米的地方生存。在瑞士的阿尔卑斯山脉地区，这种植物的领地在一个令人眩晕的高度上。它们偏爱的栖息环境并不是腐殖质丰富的阿尔卑斯山脉草地或者森林，而是松散的碎石地带。

碎石堆上的植物

在高山地带的碎石堆上，只有很少的植物能够生长。那里的气候条件极为恶劣，碎石堆并不稳定，并且几乎没有腐殖质的覆盖。在高山地带，岩屑堆几乎随处可见，展现出了侵蚀作用的威力。在各种气候条件的影响下，山石慢慢崩塌，偶尔会以岩石塌方的形式引人注意。

在粗糙的碎石堆上生长起来的植物，必定要适应不稳定的地表环境，尤其是在陡峭的山坡上时。苏黎世联邦理工学院的植物学教授卡尔·施勒特尔专门研究高山植物的生长习性，并长期致力于探索它们能够适应特殊自然环境的奥秘。他率领的学术考察活动深受学生们的喜爱，并且早在1883年他就撰写了一部关于高山植物区系的专著。施勒特尔熟谙许多生长在碎石堆之上的植物的生存之道，并将它们划分出了多个生命形态。这些植物衍生出了长长的强壮的爬行茎，在乱石堆中蜿蜒前行，轻松地扎下了根。它们让植物的生命得以延续，哪怕有一些茎蔓不幸断裂。路边青也采取了相同的生长策略，而有着紫色花朵的较为常见的阿尔卑斯柳穿鱼则会在岩屑堆之上铺满松弛的茎蔓。按照施勒特尔的观点，冰川毛茛是一种生长在岩屑堆上的典型植物。借助发达的根系，这种植物能够稳稳地站住脚跟。它们还会继续发育更为紧密精细的根系网络，将脚下的碎石牢牢地固定住，在一片石海中建立起一片可靠的栖息地。事实上，冰川毛茛真正的特别之处在于其应对低温天气的方式。

高度之最

冰川毛茛是一种引人注目的高山植物。登山者在瑞士阿尔卑斯山脉海拔4200米的地方发现了它们的踪影,其盛开的花朵非常壮丽。事实上,冰川毛茛可以说是阿尔卑斯山脉地区生长位置最高的植物。这里极端的气候环境是完全无法与山谷地带相提并论的。在这里,高度每升高100米,平均气温就会降低0.6℃。随着海拔的逐渐升高,一系列的气候条件都会发生急剧变化,从而对植物产生巨大的影响。第一个因素就是日照强度。由于空气稀薄和缺乏水蒸气,这里的日照尤其是紫外线和谷底的比起来特别强烈,而到了夜晚,来自地表和岩石的辐射又会显著增强。这就导致了极大的昼夜温差。因此,在高山地带出现霜冻和积雪的天数比起山谷就要多得多。

这一切对于植物来说,就意味着一年中适宜生长和繁殖的天数急剧地减少了。实际上,这里的植物能够利用的拥有充分光照和热量的生长时间只有1~3个月,还时常因寒潮来袭而中断。

休养生息

即使在气候如此严酷的地带,高山植物也寻找到了许多方法来维持自身的生存。比如我们前面谈到的冰川毛茛,就需要

冰川毛茛 *(Ranunculus glacialis)*

"冰山毛茛是一种带有小尖叶和白色或粉色花朵的低矮植物，花朵立在一个强壮的茎秆上。"

很长时间才能够开花。当新的花蕾在叶片之间生长出来，紧密地排列在地表之上的时候，通常还需要2~3年的时间，其花朵才会完全地绽放。山谷中的植物能够在一个温暖漫长的夏季迅速发育，而高山植物就没这么幸运了，它们所拥有的夏季时光是"碎片化"的。如果整个夏季植物都被冰雪覆盖，那么开花就是绝不可能的事情。因此，这些高山植物在生长过程中始终会集中全力避免机体的死亡。在厄茨塔尔山，植物学家对冰川毛茛进行了长时间的观察，并进行了一系列生理指标测定。结果发现，那里在32个月的时间里都被冰雪覆盖，从未中断。

作为保温箱的花朵

　　冰川毛茛的花朵所具有的一个神奇特点让我们对其产生了浓厚的兴趣，但是这在它们凋谢后才会显现出来。这一特点是和严酷的气候有关的。

　　当花朵凋零、种子开始发育的时候，大多数植物色彩斑斓的花都会逐渐凋亡。因为它们已经没有了用处，所以最终会纷纷脱离植物的身体。它们的使命就是在开花的时候竖立起一面鲜艳的旗帜，吸引昆虫的到来以完成传粉。

　　然而，在冰川毛茛身上却不是这样。在其种子整个发育直至成熟的时期，它们的花瓣都完好无损地保留了下来。花瓣形成了一个饱满的碗状，里面有许多成熟的小种子。那么，为什么冰川毛茛的花瓣能够保留这么长的时间呢？

每当植物学家观察到这一现象时，就会注意到这类植物的一种特殊属性，并立即联想到它们所具有的某一种功能。也就是说，花瓣的保留并不是纯粹的巧合，因为这不符合自然界的规律（一切都应遵循达尔文的以自然选择为基础的进化学说），所以这一现象的产生必然有其意义，尤其是考虑到所有其他的毛茛属植物都不具有这一特点时。那么，其背后的意义到底是什么呢？

挪威奥斯陆大学的两位学者提出了一个大胆的假设，并借助实验进行了验证。他们声称，冰川毛茛的花瓣扮演起了一个保温箱的角色，里面的温度比外界要稍微高一点。这一观点也并不是毫无道理的，适度的热量的确决定着高山植物的生死。如果正在发育的种子能够在一个温度比外界高出 1℃~2℃ 的枯萎的花朵中存活，那么会对植物的生存产生巨大影响。植物的所有生长过程和生理活动最终都会受到温度这一因素影响的，包括种子的成熟，热量的高低直接决定着处于严酷气候条件下的高山植物能否长久地生存和繁衍下去。

用实验揭晓秘密

后来，他们分别回到日本的井田隆和在挪威的厄尔扬·托特兰都开始做实验。他们最关心的是花朵内部的温度情况，是不是这些花瓣为正在发育的种子披上了一件保暖的大衣呢？

随后，他们利用温度计对冰川毛茛花进行了测量。为了验